Das große Kreuzstich Musterbuch

Gail Bussi · Dorothea Hall · Julie Hasler · Christina Marsh

Das große Kreuzstich Musterbuch

Nach Zählvorlagen leicht gestickt

Augustus Verlag

VORWORT

Der Kreuzstich nach Zählvorlage ist sicherlich eine der vielseitigsten und kreativsten Formen der Handarbeit – daher seine enorme Beliebtheit, die in den letzten Jahren stetig zugenommen hat. Sein Reiz beruht auch darauf, daß selbst der Neuling mit ein paar einfachen Stichen und Techniken in der Lage ist, eine riesige Palette reizender Motive herzustellen.

In diesem Buch finden Sie die schönsten Entwürfe, um für besondere Anlässe kleine oder auch größere Geschenke mit individueller Stickerei zu verschönern. Die Anregungen reichen von kleinen Gruß- und Glückwunschkarten, über Hochzeits- und Weihnachtsgeschenken bis hin zu vielerlei Märchenmotiven für jung und alt. Für jede Stickarbeit gibt es ein exaktes Zählmuster, eine Liste der verwendeten Farben sowie eine ausführliche Anleitung zur Fertigstellung des Gegenstandes. Einige Muster sind sehr einfach und vor allem für Anfänger gut geeignet, andere stellen eine etwas größere Herausforderung dar und machen das Arbeiten mit vielen verschiedenen Farben erforderlich. Besonders hilfreich ist es dabei, mehrere Nadeln mit unterschiedlichen Farben zu verwenden. So vermeiden Sie bei schnellem Wechsel der Farben das ständige Neueinfädeln und Fädenvernähen. Überdies erfahren Sie im Kapitel »Grundtechniken« alles Notwendige über Vorbereitung des Stoffs, Stickarbeit mit einem Rahmen bis hin zum Aufziehen eines Bildes auf Karton. Sämtliche Techniken werden einfach erklärt, damit Sie auch ohne jegliche Vorkenntnisse Spaß daran haben, hübsche Handarbeiten für jede Gelegenheit anzufertigen.

Die Modelle in diesem Buch wurden mit Sticktwist von DMC gestickt. Der Farbschlüssel bei der jeweiligen Stickschrift gibt meist auch entsprechende Farbnummern für Anchor- und Madeira-Garn an. Im Anhang finden Sie außerdem eine Umrechnungstabelle für die drei Garnarten. Die Farbtöne verschiedener Fabrikate können jedoch leicht voneinander abweichen, daher ist es nicht immer möglich, eine identische Farbe im Sortiment einer anderen Firma zu finden.

INHALT

Grundtechniken

Ehe Sie beginnen

Den Stoff vorbereiten

Selbst bei schonendem Umgang mit dem Material neigen gleichmäßig gewebte Stoffe oft dazu, an den Kanten auszufransen. Ratsam ist es deshalb, vor dem Sticken die Ränder mit einfachem Nähgarn zu umstechen.

Anleitungen

Für jedes Modell ist zunächst das erforderliche Material aufgelistet. Sämtliche Motive werden auf Stoffe wie Aida oder Lugana (Hersteller: Zweigart) gestickt. Die Maße enthalten eine Rundum-Zugabe von mindestens 5 cm, damit Sie den Stoff problemlos in einen Stickrahmen einspannen und die Kanten zum Schutz gegen Ausfransen sichern können.
Gestickt wird mit Sticktwist. Die Farben für jedes Motiv sind in einer Tabelle bei der jeweiligen Stickschrift aufgeführt. Normalerweise genügt je Farbe ein Strang Sticktwist; wird mehr Garn benötigt, findet sich ein entsprechender Hinweis.
Das Sticken nach Zählmustern, besonders solchen, in denen mehrere Symbole dicht nebeneinander liegen, ist manchmal weniger mühsam, wenn Sie mit einer vergrößerten Vorlage arbeiten, in der die Quadrate und Symbole deutlicher zu erkennen sind. Für ein paar Pfennige kann man in vielen Fotokopierläden die Zählmuster vergrößern lassen. Noch einfacher wird das Zählen, wenn Sie die Vorlage entsprechend den Symbolen mit Buntstiften farbig ausmalen.
Markieren Sie vor dem Sticken – den Pfeilen im Zählmuster entsprechend – die Mitte des Motivs mit Hilfe zweier senkrecht bzw. waagrecht verlaufender Heftfadenlinien auf dem Stoff.
Die im Zählmuster markierten und in den Stoff gehefteten Mittellinien dienen als Orientierungshilfen zum Auszählen der Quadrate und Gewebefäden und damit zum exakten Plazieren des Motivs.

Sticken mit dem Rundrahmen

Für das Besticken kleiner Flächen wird am häufigsten der Rundrahmen aus zwei ineinander steckenden Ringen (Tamburierrahmen) benutzt. Der äußere Ring besitzt in der Regel eine Stellschraube, mit deren Hilfe der Stoff straff gespannt werden kann. Rundrahmen sind in unterschiedlichen Größen mit Durchmessern von 10 cm bis 38 cm erhältlich und oft mit einer Tischhalterung oder einem Bodenständer ausgestattet.

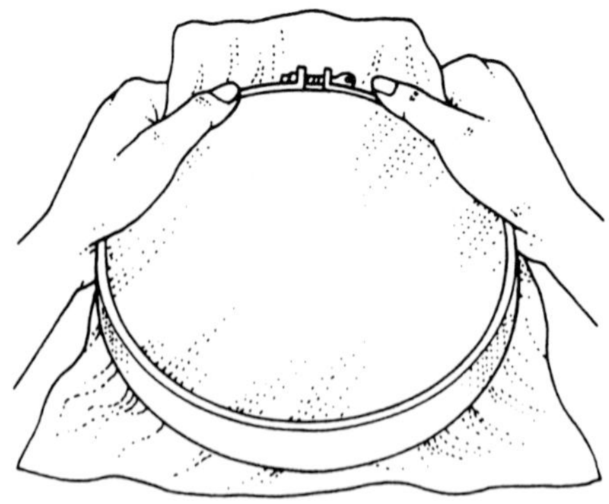

1 Legen Sie die Fläche, die bestickt werden soll, über den inneren Ring und schieben Sie den äußeren Ring mit gelockerter Stellschraube darüber. Zur Vermeidung von Druckstellen kann man ein Blatt Seidenpapier über den Stoff legen, mit einspannen und das Papier nach dem Festziehen der Stellschraube über der zu bestickenden Fläche wieder abreißen.

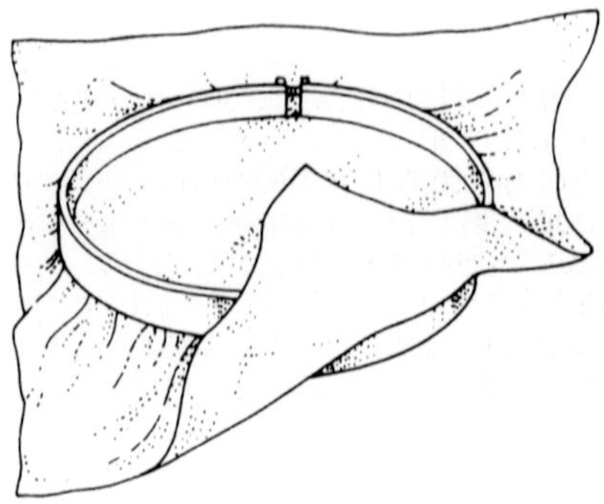

2 Vor dem Festziehen der Stellschraube den Stoff glätten und – falls erforderlich – den Fadenlauf gerade ausrichten. Das Material sollte gleichmäßig gespannt sein.

Sticken mit dem Viereck-Rahmen

Viereckige Rahmen, sogenannte Leistenspannrahmen, sind für größere Stickarbeiten besser geeignet. Sie bestehen aus zwei Rollen, auf denen der Länge nach ein robustes Band befestigt ist, und zwei flachen Seitenleisten, die durch Schlitze in den Rollen geschoben und mit Zapfen oder Schrauben verankert werden. Leistenspannrahmen sind in unterschiedlichen Größen, auch mit verstellbarem Bodenständer oder Tischhalterung erhältlich. Die Größe wird von der Länge bzw. Breite der mit Band ausgestatteten Rolle bestimmt und liegt zwischen 30 cm und 68 cm. Als Alternative zum Leistenspannrahmen kann man sich auch mit einem Keilrahmen für Künstlerleinwand, einem Batikrahmen oder der Rückseite eines ausgedienten Bilderrahmens behelfen. In diesem Fall schlägt man einfach – vorausgesetzt die Stoffzugabe rund um die fertige Stickerei reicht aus – die Kanten einmal um und fixiert sie mit Reißnägeln oder Heftklammern am Rahmen.

1 Schneiden Sie zum Sticken im Leistenspannrahmen den Stoff in Größe der fertigen Stickerei plus eine Rundumzugabe von 5 cm zu. Die Ober- und Unterkante 12 mm breit umschlagen und heften, und auf die beiden Seitenkanten ein 2,5 cm breites, robustes Band aufsteppen. Anschließend die beiden Mittellinien mit Heftstichen markieren. Nähen Sie nun mit kräftigem Faden und von der Mitte nach außen arbeitend die Ober- und Unterkante am Stickrahmenband fest. Die Seitenleisten in die Schlitze schieben und überschüssigen Stoff auf eine der beiden Rollen aufwickeln, bis die Stickfläche straff gespannt ist.

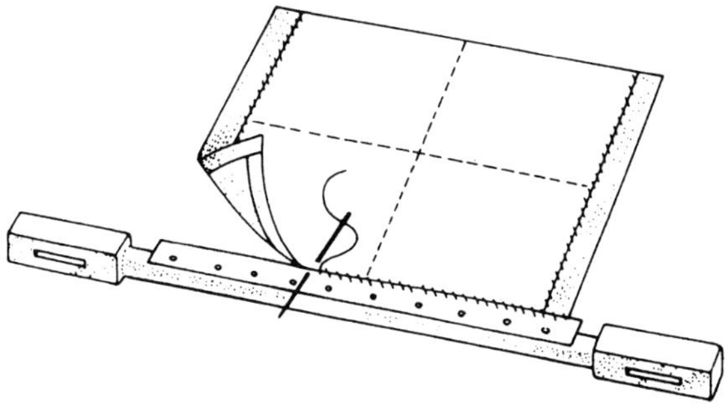

2 Die Zapfen einschieben bzw. die Schrauben so fest anziehen, daß der Rahmen zusammenhält. Fädeln Sie nun in eine Nadel mit großem Öhr (Teppich-Nadel) einen kräftigen Faden oder eine dünne Schnur, schnüren Sie die mit Band besetzten Seitenkanten zickzackförmig und in Abständen von 2,5 cm an den Seitenleisten so fest, daß der Stoff dabei gleichmäßig gespannt wird (siehe Abbildung) und verknoten Sie Faden- oder Schnurende fest an den Rahmenecken.

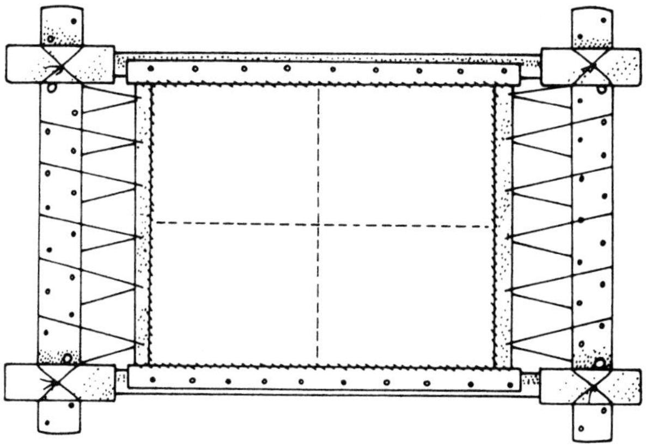

Anstückeln

Kleine Stücke Stickereistoff, beispielsweise für Lesezeichen, lassen sich für das Einspannen in einen Rundrahmen ohne weiteres anstückeln.
Verwenden kann man dafür Stoffreste ähnlicher Qualität. Schneiden Sie einfach vier Stücke in passender Größe zurecht, heften Sie sie der Abbildung entsprechend an die vier Seiten des Stickereistoffs und spannen Sie dieses „Patchwork" wie gewohnt in den Rundrahmen.

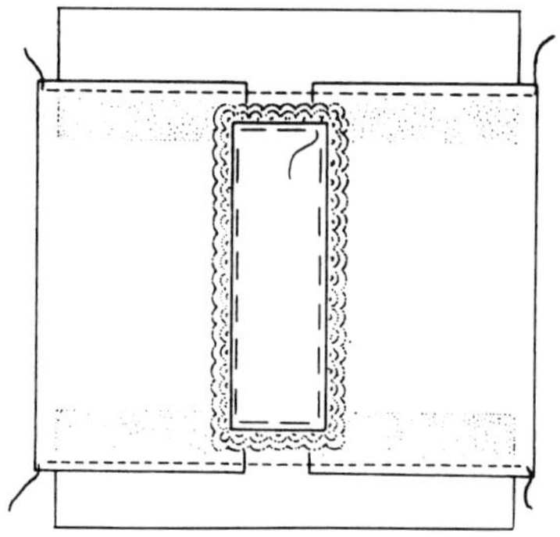

Ränder mit Schrägstreifen einfassen

Es gibt fertig gefalzte Schrägstreifen zu kaufen, die sich sehr gut dazu eignen, Stickereien auf ganz einfache Weise einzufassen, zum Beispiel Sets oder Lätzchen.
1 Den Umschlag auf einer Seite des Schrägstreifens aufklappen und den Streifen der Kante entlang rechts auf rechts auf den Stoff stecken. Das abgeschnittene Ende des Streifens umschlagen und den Anfangspunkt etwa 12 mm überlappen. Entlang der Saumkante feststeppen.

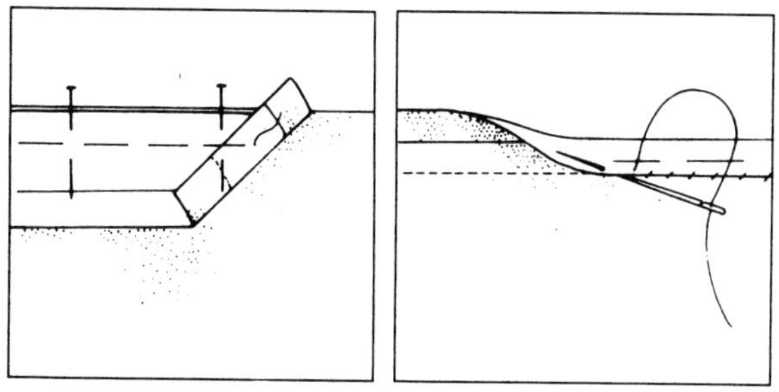

2 Schrägstreifen über die Stoffkante auf die linke Seite des Stoffs umschlagen, heften und den Saum ordentlich mit der Maschine steppen.

Gepaspelte Säume

Ein Saum mit kontrastfarbener Paspel sieht besonders hübsch aus und paßt gut zu Kissen.
Sie können die Paspelschnur entweder mit Schrägstreifen aus passendem Stoff einfassen oder fertige Paspeln verwenden, die es in vielen Breiten und Farben zu kaufen gibt.

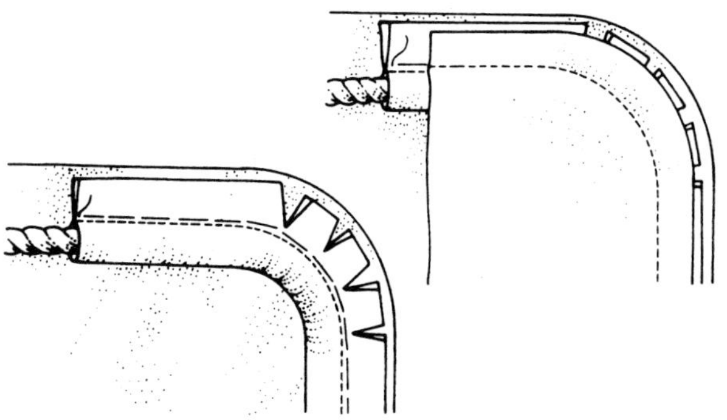

1 Stecken und heften Sie die Paspel der Saumkante folgend auf die rechte Seite des Stoffs. An Ecken und Rundungen schneiden Sie den Saum ein.
2 Legen Sie das zweite Stoffstück rechts auf rechts darauf, so daß die Paspel dazwischenliegt. Heften und nähen Sie die Teile von Hand zusammen. Wenn Sie mit der Maschine nähen, verwenden Sie einen Reißverschluß-Fuß. Nähen Sie möglichst nahe an der Paspelschnur entlang, so daß die erste Stepplinie verdeckt wird.
3 Um zwei Paspel-Stücke zu verbinden, lassen Sie zunächst beide Enden etwa 2,5 cm überlappen. Trennen Sie den Schrägstreifen ein Stück weit auf, um die Schnur freizulegen. Nähen Sie nun die Enden des Schrägstreifens zusammen (siehe Abbildung). Bügeln Sie die Naht flach auseinander. Dröseln Sie die Schnurenden auf und verbinden Sie sie miteinander (siehe Abbildung). Legen Sie den Schrägstreifen darüber zusammen und heften Sie weiter am Rand entlang.

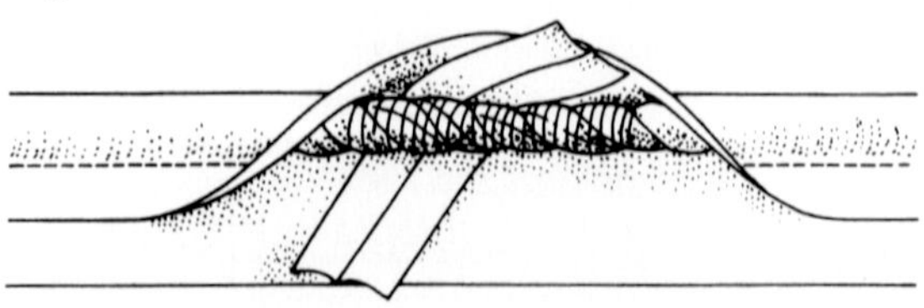

Schnittmuster vergrößern

Um ein Schnittmuster zu vergrößern, brauchen Sie kariertes Papier mit Ein-Zentimeter-Raster, ein Lineal und einen Bleistift. Wenn der Maßstab beispielsweise 1:5 betragen soll, ein Zentimeter-Karo der verkleinerten Vorlage also fünf Zentimetern im Original entsprechen soll, zeichnen Sie zunächst das Fünf-Zentimeter-Raster auf. Übertragen Sie die Zeichnung nun Karo für Karo auf das größere Raster. Gerade Linien ziehen Sie mit dem Lineal, abgerundete freihändig.

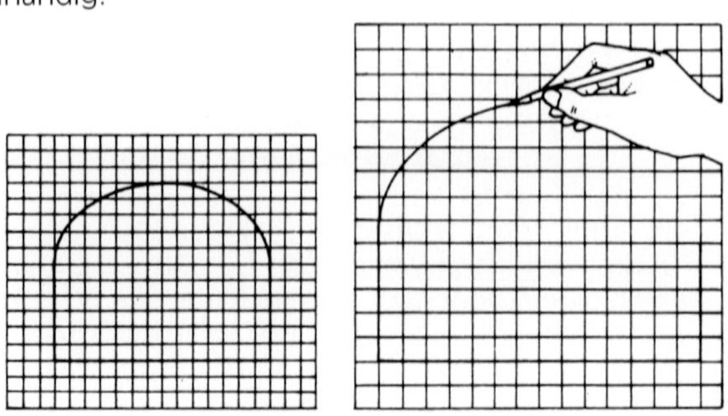

Stickereien aufziehen

Schneiden Sie ein Stück starken Karton in Größe der fertigen Stickerei mit einer Rundumzugabe von 6 mm für den Falz im Bilderrahmen zu.

Leichte Stoffe

1 Breiten Sie die Stickerei mit der Rückseite nach oben aus und legen Sie den Karton auf die Mitte ausgerichtet so auf, daß Heftfaden und Bleistiftlinien übereinstimmen. Die Ecken nacheinander diagonal einschlagen und mit Klebeband fixieren.
2 Schlagen Sie nun mit einer Seite beginnend den Stoff ein und fixieren Sie ihn in Abständen von ca. 2,5 cm mit Klebeband (siehe Abbildung). Auch die Ecken mit Klebeband fest zusammenhalten, so daß der Stoff straff und faltenlos gespannt ist.

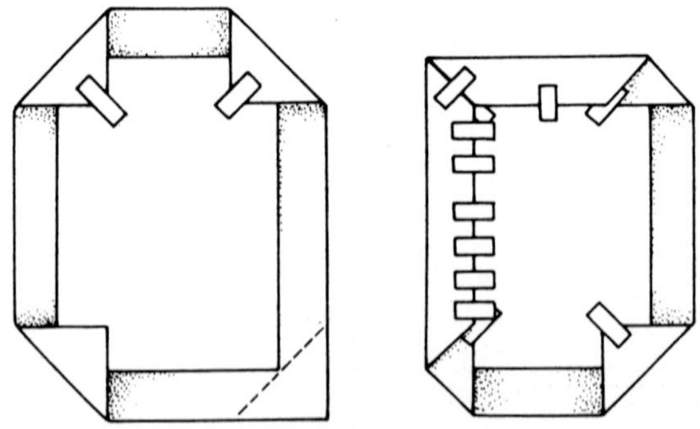

Schwerere Stoffe

Breiten Sie die Stickerei mit der Rückseite nach oben aus und legen Sie den Karton mittig darauf. Den Stoff an zwei gegenüberliegenden Seiten umschlagen, die Ecken abschrägen und die Stoffkanten mit robustem Faden im Zickzackverband zusammenhalten (siehe Abbildung). Mit den beiden anderen Seiten ebenso verfahren. Abschließend den Stoff über dem Karton nochmals straffziehen und die abgeschrägten Ecken mit überwendlichen Stichen zusammennähen.

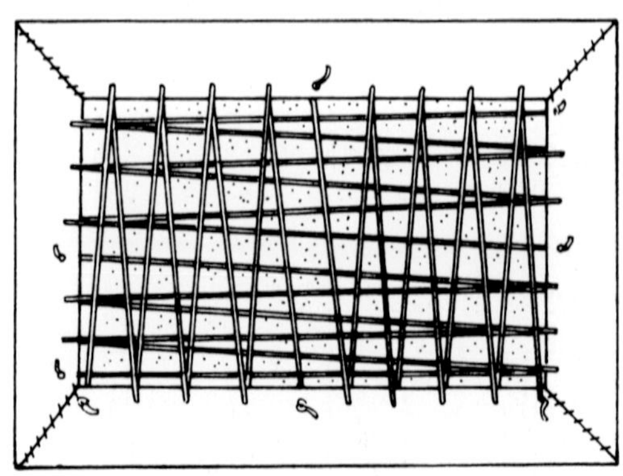

Kreuzstich

Für sämtliche Kreuzsticharbeiten werden die folgenden beiden Methoden angewandt. In beiden Fällen entstehen auf der Rückseite des Stoffes gleichmäßige Reihen von senkrechten Stichen.
Beim Besticken großer Flächen arbeitet man in horizontalen Reihen. Sticken Sie zunächst – links oben beginnend – die erste Reihe gleichmäßig voneinander entfernter, diagonaler Stiche über die in der jeweiligen Anleitung angegebene Zahl von Gewebefäden. Dabei führt der Grundstich

immer von links unten nach rechts oben. Anschließend wird diese Stichfolge – nun von rechts nach links arbeitend – in der Rückreihe wiederholt. Die Deckstiche führen stets von rechts unten nach links oben. Fahren Sie mit der Arbeit in dieser Weise fort und achten Sie darauf, daß sich alle Stiche in derselben Richtung kreuzen.
Bei diagonal verlaufenden Reihen arbeiten Sie von oben nach unten und stellen jeden Kreuzstich einzeln fertig, ehe Sie den nächsten sticken. Beginnen Sie jede Stickarbeit in der Mitte und arbeiten Sie von innen nach außen. Damit stellen Sie sicher, daß das Motiv in der Mitte des Stoffes sitzt.

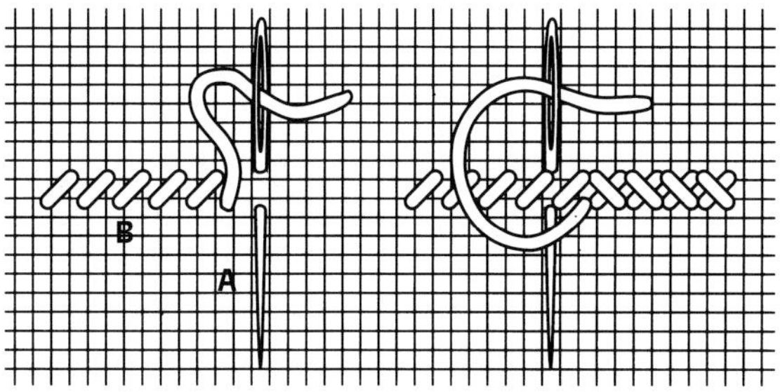

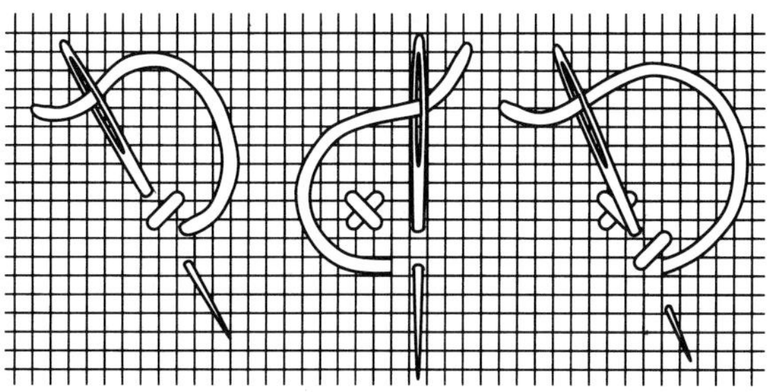

Rückstich (Steppstich)

Mit dem Rückstich werden Trennlinien, Konturen oder Schatten herausgearbeitet. Er läuft über dieselbe Anzahl von Gewebefäden wie der Kreuzstich und bildet eine durchgehende, gerade oder diagonal verlaufende Linie.

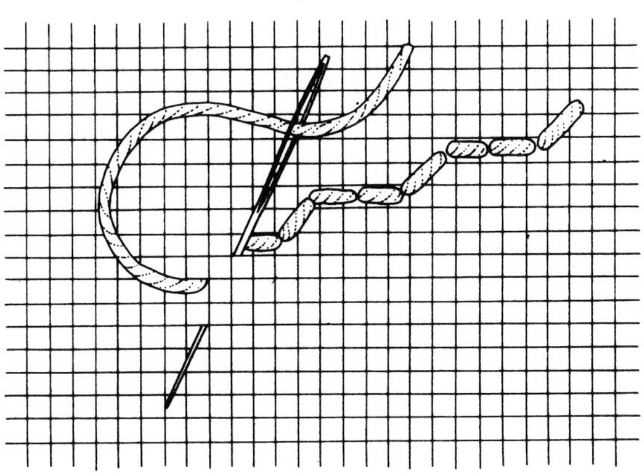

Machen Sie den ersten Stich von links nach rechts; führen Sie die Nadel an der Stoffunterseite nach vorn und dann eine Stichlänge links vom vorangehenden Stich wieder an die Stoffoberseite. Die Stichfolge entlang der vorgegebenen Linie fortsetzen.

Viertel-Kreuzstiche

Für einige Projekte in diesem Buch brauchen Sie unvollständige Kreuzstiche. Auch wenn Anfänger davor häufig zurückschrecken, sind sie gar nicht schwer zu sticken und ergeben in manchen Fällen eine natürlichere Linie. Wenn Sie Schwierigkeiten haben, die Mitte eines Aida-Quadrates zu treffen, stechen Sie zuerst ein kleines Loch mit einer spitzen Nadel.
Für ein Viertel-Kreuz stechen Sie bei Punkt A nach oben und bei Punkt B im Mittelpunkt eines Quadrates wieder nach unten. Danach vollendet ein diagonaler Rückstich den Arbeitsgang. Ein Quadrat des Zählmusters mit zwei unterschiedlichen Symbolen, die durch eine diagonale Linie getrennt sind, erfordert zwei Viertel-Kreuzstiche. Später ergänzt ein Rückstich das Quadrat.

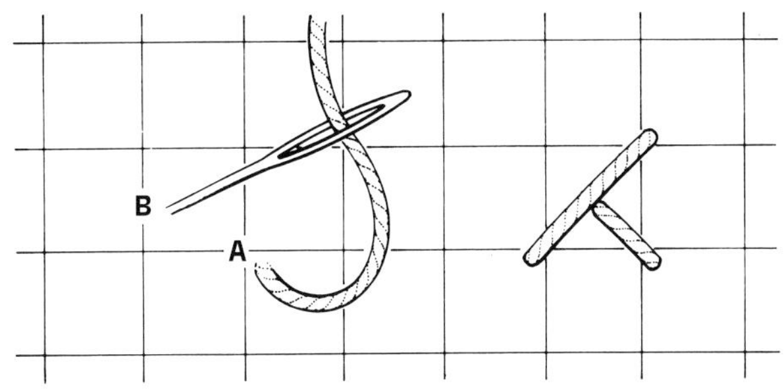

Knötchenstich

Dieser Stich ist in einigen Zählmustern als kleiner Punkt markiert. Sind mehrere Knötchenstiche erforderlich, wurden die Pünktchen zur Vermeidung von Irrtümern weggelassen. Halten Sie sich in diesem Fall an die Stickanleitung und an das Farbfoto.
Führen Sie für einen Knötchenstich Nadel und Faden knapp rechts von der Stelle, an der er sitzen soll, an die Stoffoberseite, legen Sie je nach gewünschter Größe des Knotens den Faden ein- bis zweimal um die Nadel und stechen Sie links von der Ausstichstelle wieder ein.
Ziehen Sie den Faden nicht allzu kräftig an, damit der Knoten nicht auf der Stoffunterseite verschwindet. Die Zahl der für die Knötchenstich verwendeten Stickfäden ist der jeweiligen Stickanleitung zu entnehmen.

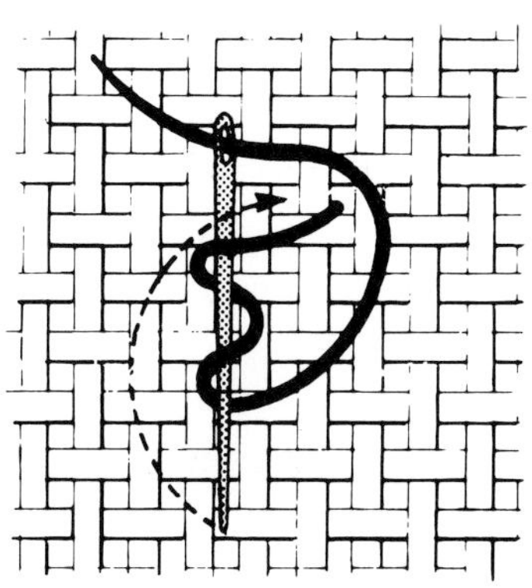

Grüße vom Land

Die hier vorgestellten Bordüren passen ganz ausgezeichnet in ein rustikal eingerichtetes Zimmer. Mit ihren frischen Farben und einfachen Linien lassen sich die Motive, die sich hier auf einem Stickmustertuch präsentieren, auf vielerlei Arten verwenden: z.B. als Bordüren für Wäsche und Handtücher oder als Einzelmotive für Miniaturbilder und andere dekorative Gegenstände.

Grüße vom Land

Material

Stickmustertuch in einem Rahmen von 27 x 23 cm:

37 x 32,5 cm naturfarbener Aida-Stoff (ca. 56 Stiche/10 cm)
Sticktwist in den in der Tabelle angeführten Farben
Sticknadel Nr. 26
Holzrahmen Ihrer Wahl
Starker Karton für die Bildrückseite
Kräftiger Faden zum Aufziehen des Stickbildes

Sticken

Den Stoff vorbereiten, die Mitte mit waagerechten und senkrechten Heftstichen markieren und den Stoff in einen Rahmen spannen (Anleitung siehe Seiten 4–5). Zählen Sie von der Mitte nach außen, um die Stickerei an einem günstigen Punkt zu beginnen. Stickerei ausführen, indem Sie sämtliche Kreuzstiche zuerst anbringen. Nehmen Sie durchwegs zwei Fäden in die Nadel und achten Sie darauf, daß alle Deckstiche in derselben Richtung verlaufen. Rückstiche mit einem Faden in der Nadel ausführen.
Wenn nötig, den Stoff mit der Hand waschen und vorsichtig von links dämpfen. Die Heftstiche noch nicht entfernen, sie leisten wertvolle Dienste beim Aufziehen des Stickbildes (siehe unten).

Fertigstellen

Die waagerechten und senkrechten Mittellinien auf dem Passepartoutkarton markieren und mit den Heftstichlinien in Deckung bringen. Die Stickerei mit Faden auf das Passepartout aufziehen (Anleitung siehe Seite 6) und Heftstiche entfernen.
Das aufgezogene Stickbild in den Rahmen einpassen. Wir haben einen einfachen Holzrahmen ohne Passepartout verwendet; Sie können das Stickmustertuch aber ebensogut in ein Passepartout geben, das in einem der Pastelltöne der Stickerei gehalten ist. Die Rückseite des Rahmens mit breitem Klebeband verschließen, damit kein Staub eindringen kann.

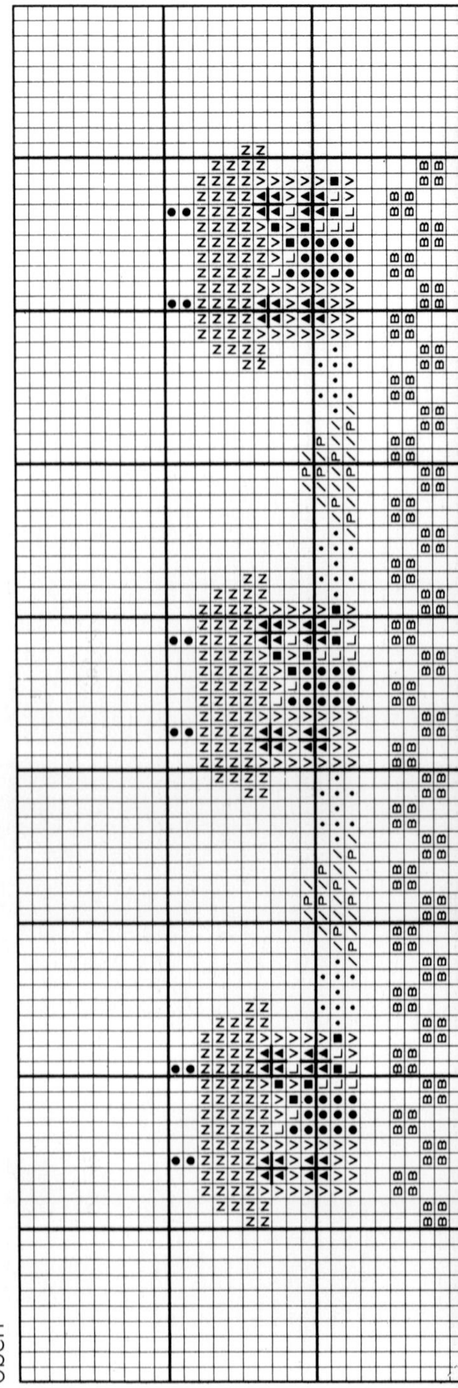

Oben

Grüße vom Land ▲	DMC	ANCHOR	MADEIRA
• Weiß	Weiß	2	Weiß
S Reines Grün	3363	262	1311
● Dunkles Graubraun	640	903	1905
P Mittleres Altrosa	224	893	0813
I Helles Altrosa	225	892	0501
L Mittleres Graugrün	522	860	1513
▲ Dunkles gedämpftes Grau	3022	392	1905
V Sehr helles Graubraun	644	803	1907

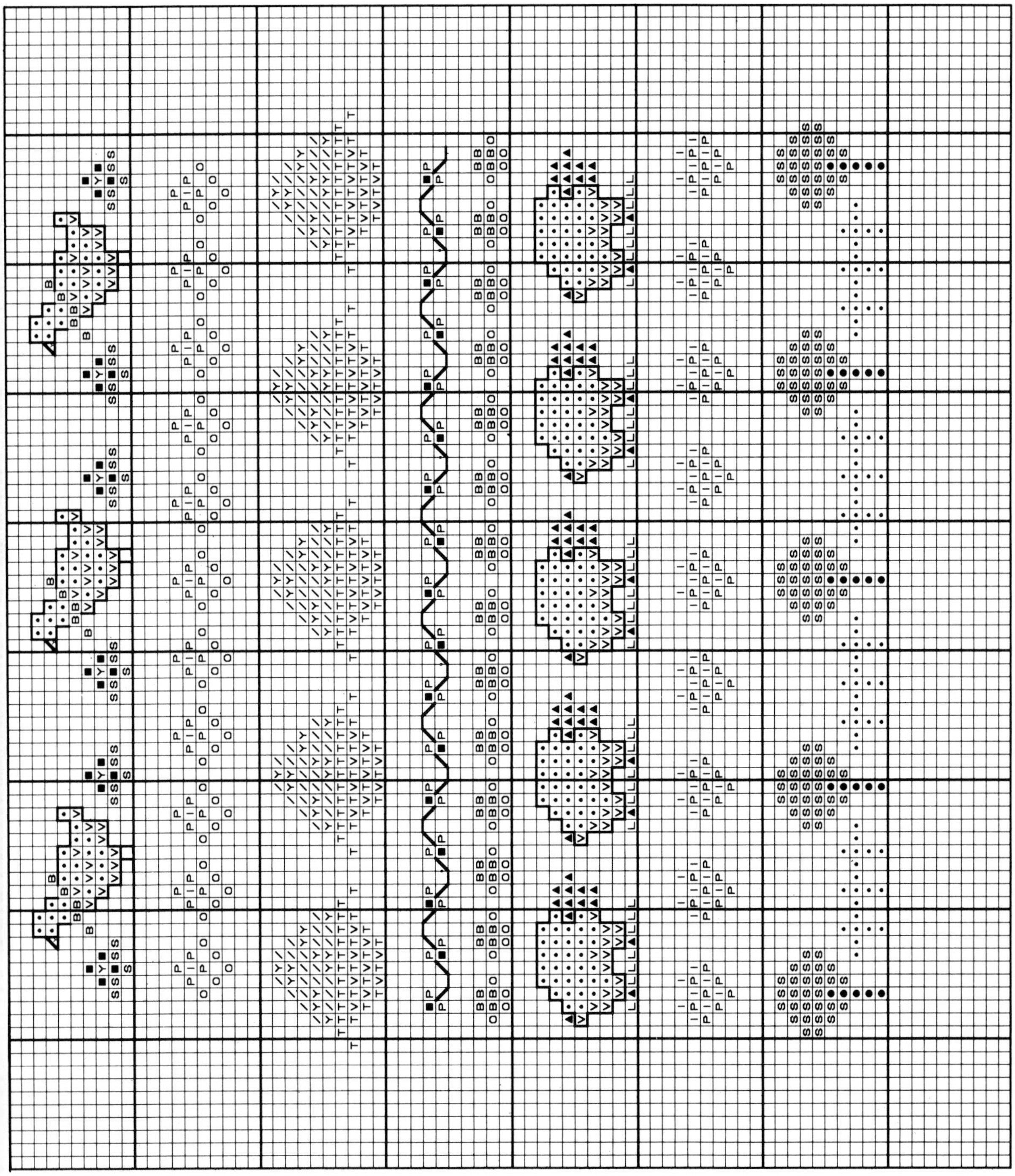

Unten

		DMC	ANCHOR	MADEIRA
O	Mittleres Gelbgrün	3053	844	1510
B	Helles Antikblau	932	920	1710
■	Dunkles Altrosa	223	895	0812
Y	Mittelgold	676	891	2208
T	Mittleres Graubraun	642	853	1906
/	Sehr helles Graugrün	524	858	1522
N	Helles Goldbraun	613	831	2109
	Mittl. gedämpftes Grau*	3023	1040	1903

Rückstiche: mittleres gedämpftes Grau* für Umrisse von Schafen und Gänsen; reines Grün für die Blumenbordüre in Rosa; Weiß für die Fensterscheiben.

Haus- und Gartenidylle

Ländliche Stimmung verbreitet dieses gestickte Eingangsschild mit traditionellen Haus- und Gartenmotiven. Durch ein paar kleine Vorüberlegungen können Sie den Entwurf individuell umgestalten: Sticken Sie zum Beispiel Ihr eigenes Haus, setzen Sie Ihre Initialen oder ein Datum ein oder bilden Sie aus den gezeigten Buchstaben Ihr persönliches Motto oder eine Widmung.

ABCDEFGHI
JKLMNOPQ
RSTUVW
XYZ
D H

Haus- und Gartenidylle

Material

Für ein Schild 23 x 23 cm (ohne Rahmen):

35 x 35 cm weißes Stickleinen, ca. 104 Fäden/10 cm
Sticktwist in den in der Tabelle angeführten Farben
Sticknadel Nr. 26
3 mm dicken Karton 23 x 23 cm zum Aufziehen der Stickerei
23 x 23 cm leichte Synthetic-Wattierung
Robusten Faden zur Befestigung des aufgezogenen Stoffs
Bilderrahmen nach Wunsch

Wählen Sie aus dem Alphabet die gewünschten Initialen aus und zeichnen Sie sie mit einem weichen Bleistift in dem Stickmuster ein. Falls Sie drei Initialen sticken, lassen Sie die Rauten weg und verteilen die Buchstaben mit geeigneten Zwischenräumen. Für ein Datum oder einen längeren Text entfallen auch die seitlichen Herzen, so daß der gesamte untere Bereich freibleibt. In diesem Fall ist es vorteilhaft, nach einem separaten Zählmuster zu arbeiten, dessen Raster dem im Buch gezeigten entspricht. Besonders hübsch sieht es aus, wenn Sie Ihren Entwurf dann im gleichen Rot wie die Herzen oder auch im Blau der Bordüre sticken. Welche Farbe auch immer Sie wählen: Es ist eine große Hilfe, die Buchstaben vor dem Sticken genau auszuzählen und aufzeichnen.

Sticken

Nach den Anleitungen auf Seite 4 und 5 bereiten Sie den Stoff vor und spannen ihn in einen Rahmen. Markieren Sie die Mittellinie der Motive mit Heftfaden und sticken Sie mit zwei Fäden in der Nadel. Jeder Kreuzstich wird über zwei Gewebefäden gearbeitet. Vermeiden Sie bei sehr locker gewebtem Stoff, den Faden über größere Strecken zu ziehen: Er scheint sonst auf der Vorderseite durch. Vernähen Sie Anfangs- und Endfäden immer unter einer gestickten Fläche und schneiden Sie überstehende Enden ab.
Die fertige Stickerei aus dem Rahmen nehmen, die Heftfäden vorerst jedoch noch nicht herausziehen. Von links dämpfen.

Fertigstellen

Eine dünne Schicht Synthetic-Wattierung zwischen Karton und Stickerei plazieren, um das durchscheinende Gewebe optisch zu schließen. Damit Karton und Wattierung genau mittig auf der Stickerei liegen, markieren Sie zunächst auf allen vier Seiten die Mittellinien: bei dem Karton mit einem weichen Bleistift, bei der Wattierung mit einer Stecknadel.
Das Stickbild mit der rechten Seite nach unten auf einer sauberen Unterlage ausbreiten; Wattierung und Karton so darauflegen, daß deren Markierungen mit den Heftlinien der Stickerei übereinstimmen.
Nachdem Sie die Stecknadeln entfernt haben, schlagen Sie den Stoff an den jeweils gegenüberliegenden Seiten nach hinten um und befestigen ihn mit Klebeband auf der Rückseite (s. Anleitung Seite 7). Die diagonalen Eckkanten gleichfalls mit Klebeband fixieren und die Heftfäden herausziehen.
Setzen Sie das aufgezogene Stickbild hinter das Glas Ihres Bilderrahmens, legen Sie die Rückseite darauf und fixieren Sie alles mit kleinen Bildnägeln. Zur Befestigung überkleben Sie die Nägel zum Schluß noch mit breitem Klebeband.

Haus und
Garten ▶

=		Creme	✠	351	Lachsrosa
◺		Blaßgelb	•	350	Ziegelrot
◣	677	Hellgelb	S	927	Blaßblau
↑	743	Goldgelb	○	597	Blau
◆	972	Gold	△	523	Blaßgrün
I	352	Blasses Lachsrosa (auch Rückstich Fenstersprossen)	⊡	732	Olivgrün
			↓	3012	Khaki

Ein Dorf auf dem Lande

Hängen Sie diese fünf Miniaturen – die Kirche, das Gasthaus und die drei Bauernhäuschen – zusammen auf, schon haben Sie die Stimmung eines kleinen Dorfes eingefangen. Ein einzelnes Bild ist ein schönes Geschenk, vielleicht zur Hochzeit oder zum Einzug in ein neues Haus?

Ein Dorf auf dem Lande

Material

Für Kirche oder Gasthaus, jeweils in einem Rahmen mit Innenmaß 11,5 x 7,5 cm:

25 x 17,5 cm blauer Aida-Stoff, 55 Stiche/10 cm
Sticktwist in den in der entsprechenden Tabelle angegebenen Farben
Sticknadel Nr. 26
Bilderrahmen
Feste Pappe zum Aufziehen
Dünnes Wattiervlies in Größe der Pappe
Klebeband
Klebestift

Für jedes der Häuser, quadratische Rahmen mit innerer Kantenlänge von 7,5 cm:

17,5 x 17,5 cm blauer Aida-Stoff, 55 Stiche/10 cm
Übriges Material wie für Kirche und Gasthaus

Hinweis: Wenn Sie alle fünf Motive auf ein Stück Stoff sticken wollen, brauchen Sie eine Größe von 46 x 38 cm. Von jeder Sticktwistfarbe reicht ein Strang für alle fünf Häuser aus, berücksichtigen Sie aber, daß für die unterschiedlichen Motive zum Teil verschiedene Farbtöne gebraucht werden.

Sticken

Umkanteln Sie den Stoff, damit er nicht ausfranst. Wenn Sie alle fünf Motive auf ein Stück Stoff sticken wollen, markieren Sie sich die Trennlinien mit Heftstichen. Lassen Sie dabei ausreichend große Zwischenräume, so daß Sie jedes Motiv einzeln in den Stickrahmen einspannen können. Nun markieren Sie mit Heftstichen auch die senkrechten und waagerechten Mittellinien der einzelnen Motive. Spannen Sie den Stoff in einen Stickrahmen ein und beginnen Sie mit dem Sticken jeweils von der Motivmitte aus.
Wenn Sie nur ein einzelnes Motiv arbeiten wollen, falten Sie den Stoff zu Vierteln und bügeln die Mittellinien ein oder ziehen entsprechend Heftfäden ein. Diese kleinen Stücke Stoff brauchen Sie nicht unbedingt in einen Stickrahmen einzuspannen.
Arbeiten Sie nun die Motive nach den Zählmustern mit zweifädigem Garn. Auch die Rückstiche für die Konturen und die Knötchenstiche für einzelne Details werden zweifädig gestickt.

Fertigstellung

Nehmen Sie die fertige Stickerei aus dem Rahmen und waschen Sie sie, falls nötig. Danach wird das Bild von der linken Seite gedämpft. Wenn Sie alle fünf Motive gestickt haben, schneiden Sie sie jetzt auseinander.
Streichen Sie nun für jedes Motiv ein Stück Pappe dünn und gleichmäßig mit dem Klebestift ein und drücken das Wattiervlies darauf an. Jetzt spannen Sie die Stickerei auf die wattierte Pappe (siehe Seite 6). Mit Hilfe der Heftfäden können Sie kontrollieren, ob die Stickerei mittig liegt. Danach ziehen Sie die Heftfäden heraus. Beim Einsetzen des Bildes in den Rahmen beachten Sie bitte die Hinweise des Herstellers.

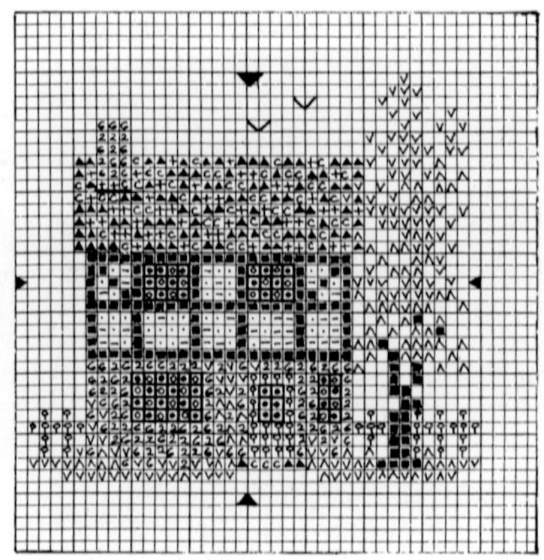

Landhäuschen ▲	DMC	ANCHOR	MADEIRA
• Weiß	1	Weiß	Weiß
– Creme	386	746	101
I Elfenbein	885	3770	2001
♀ Blaßblau	130	799	1004
○ Mittelblau	979	312	1005
● Marineblau	127	939	1009
V Hellgrün	261	3363	1602
Λ Moosgrün, hell	262	3051	1603
2 Goldbraun	369	435	2010
6 Rehbraun	370	433	2008
■ Dunkelbraun	905	3781	2106
+ Graublau, hell	848	927	1708
C Hellbeige	373	3046	2103
▲ Lehmbraun, hell	375	420	2105
Rosa	48	818	502

Hinweis: Rückstiche in Weiß (Fensterrahmen), Dunkelblau (Vögel), Dunkelbraun (Schornstein). Blüten vor dem Haus in rosafarbenen und hellblauen Knötchenstichen.

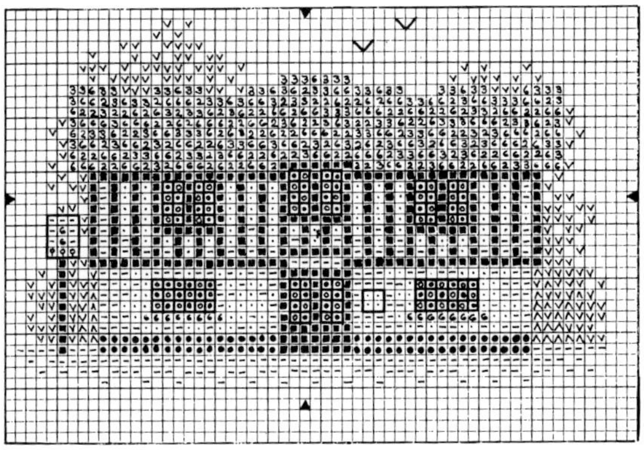

Gasthaus ▲	DMC	ANCHOR	MADEIRA
• Weiß	1	Weiß	Weiß
– Creme	386	746	101
I Elfenbein	885	3770	2001
? Blaßblau	130	799	1004
○ Mittelblau	979	312	1005
● Marineblau	127	939	1009
V Hellgrün	261	3363	1602
Λ Moosgrün, hell	262	3051	1603
2 Goldbraun	369	435	2010
6 Rehbraun	370	433	2008
■ Dunkelbraun	905	3781	2106
3 Erdbraun	358	437	1910

Hinweis: Rückstiche für die Konturen in Weiß (Fensterrahmen), Blau (Vögel), Dunkelbraun (Wirtshausschild, Speisekarte). Blüten in den Blumenkästen in hellgrünen und hellblauen Knötchenstichen.

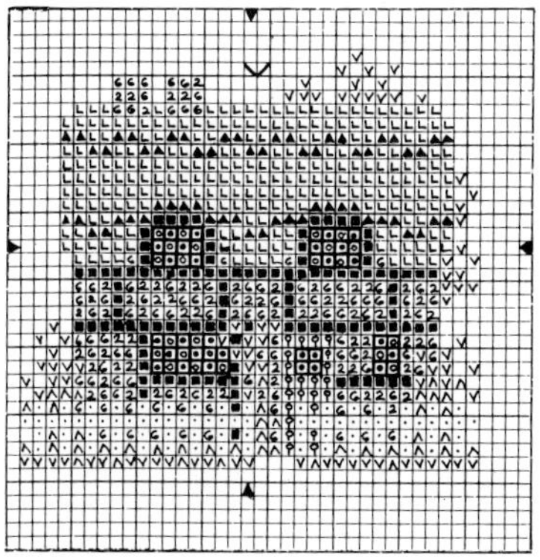

Reetdachhaus ▲	DMC	ANCHOR	MADEIRA
• Weiß	1	Weiß	Weiß
? Blaßblau	130	799	1004
○ Mittelblau	979	312	1005
● Marineblau	127	939	1009
V Hellgrün	261	3363	1602
Λ Moosgrün, hell	262	3051	1603
6 Rehbraun	370	433	2008
■ Dunkelbraun	905	3781	2106
L Hellbeige	373	3046	2103
Rosa	48	818	502

Hinweis: Rückstiche für die Konturen in Weiß (Fensterrahmen) und Blau (Vögel). Blüten über der Tür und am Zaun in hellblauen und rosa Knötchenstichen.

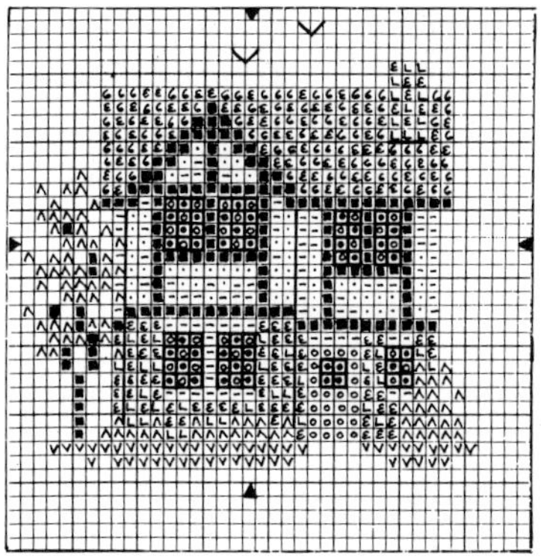

Giebelhaus ▲	DMC	ANCHOR	MADEIRA
• Weiß	1	Weiß	Weiß
– Creme	386	746	101
○ Mittelblau	979	312	1005
● Marineblau	127	939	1009
V Hellgrün	261	3363	1602
Λ Moosgrün, hell	262	3051	1603
6 Rehbraun	370	433	2008
■ Dunkelbraun	905	3781	2106
+ Graublau, hell	848	927	1708
L Hellbeige	373	3046	2103
ε Goldbeige	374	3045	2104
▲ Lehmbraun, hell	375	420	2105
Rosa	48	818	502

Hinweis: Rückstiche für die Konturen in Weiß (Fensterrahmen), Blau (Vögel) und Dunkelbraun (Schornstein und Mauerkonturen). Blüten am Busch und vor dem Haus in hellblauen und rosafarbenen Knötchenstichen.

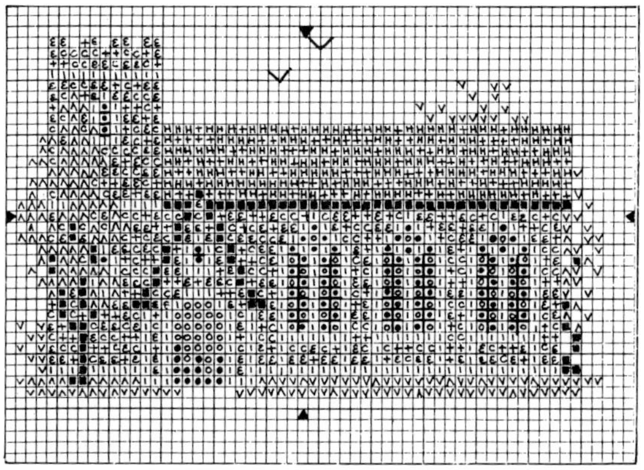

Kirche ▲	DMC	ANCHOR	MADEIRA
I Creme	386	746	101
○ Mittelblau	979	312	1005
● Marineblau	127	939	1009
V Hellgrün	261	3363	1602
Λ Moosgrün, hell	262	3051	1603
■ Dunkelbraun	905	3781	2106
+ Graublau, hell	848	927	1708
H Graublau, dunkel	920	932	710
C Hellbeige	373	3046	2103
ε Goldbeige	374	3045	2104

Hinweis: Rückstiche für die Konturen in Weiß (Fensterrahmen) und Blau (Vögel).

Geburtstagsgrüße

Motiv dieser drei reizenden gestickten Grußkarten sind naturalistisch wirkende Blumen und Früchte auf kontrastfarbenem Untergrund. Freunde und Verwandte freuen sich gewiß darüber, und nach dem Fest sollte man kleine Kostbarkeiten wie diese rahmen und als Miniaturen an die Wand hängen.

Geburtstagsgrüße

Material

Für drei Geburtstagskarten 20 cm x 14 cm, mit ovalem Passepartout-Ausschnitt 14 cm x 9,5 cm:

Motiv „Rose":

23 cm x 18 cm blaßblaues Schülertuch Linda,
ca. 107 Fäden/10 cm
Sticknadel Nr. 26

Motiv „Blumenkorb":

23 cm x 18 cm gelbes Schülertuch Linda,
ca. 107 Fäden/10 cm
Sticknadel Nr. 26

Motiv „Erdbeeren":

23 cm x 18 cm naturweißes Stickleinen,
ca. 80 Gewebefäden/10 cm
Sticknadel Nr. 18

Für alle Karten:

Sticktwist in den in der Tabelle angeführten Farben
Selbstklebende Passepartout-Karte

Sticken

Bereiten Sie den Anleitungen auf Seite 4 und 5 entsprechend den Stoff vor, markieren Sie die Mittellinien der Motive mit Heftfaden und spannen Sie den Stoff in einen Rundrahmen. Bei allen drei Motiven wird jeder Kreuzstich über zwei Gewebefäden gearbeitet. Sticken Sie die Motive „Blumenkorb" und „Rose" zweifädig mit Sticknadel Nr. 26. Das Motiv „Erdbeeren" wird dreifädig und mit Nadel Nr. 18 gestickt, und zwar zunächst die Stengel und daran anschließend die Beeren und Blätter. Die fertige Stickerei von links dämpfen. Ratsam ist es, die gehefteten Orientierungslinien noch nicht zu entfernen; sie helfen beim Einpassen des Stickbildes in den Passepartout-Ausschnitt.

Fertigstellen

Die selbstklebende Passepartout-Karte aufklappen, das Stickbild so auf die Rückseite des Ausschnittes auflegen, daß es genau in der Mitte sitzt (die Heftfäden dienen dabei als Orientierungshilfe) und die Stickerei auf Größe des Passepartout-Ausschnittes plus rundum 12 mm zurückschneiden. Die Heftfäden herausziehen, den linken Abschnitt der Karte über die Stickerei klappen und fest andrücken.

Rose ▼

I	734	Blaßgelb
↓	972	Gelb
○	605	Blaßrosa
⊡	962	Rosa
●	335	Warmes Rosa
✠	602	Magentarot
◆	966	Grün
△	959	Blaugrün

Rückstiche Stengel: Blaugrün

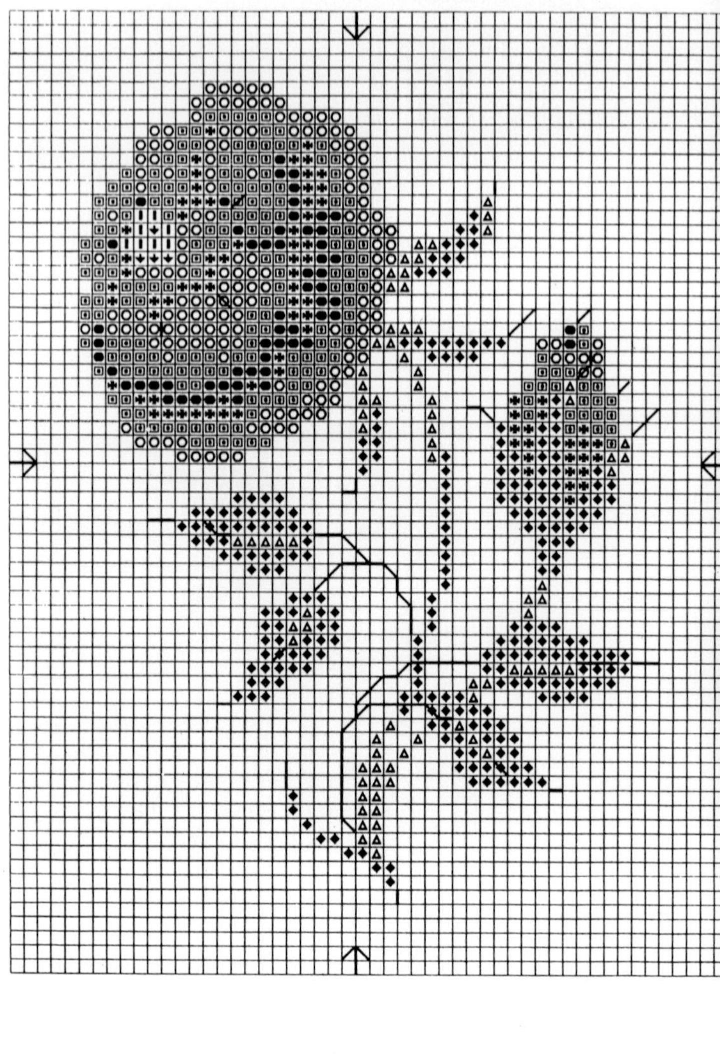

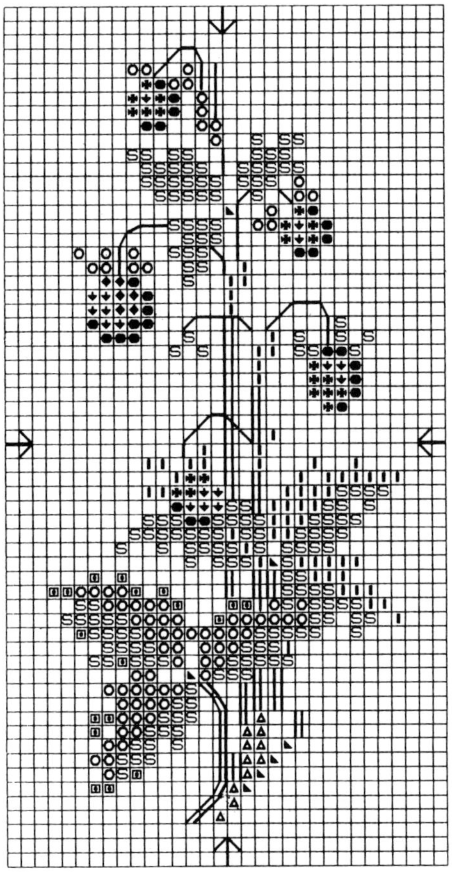

Erdbeeren ◄

◆ 776 Blaßrosa
↓ 891 Rosa
✚ 350 Rot
● 817 Dunkelrot
S 3348 Grün
I 3347 Saftgrün
○ 937 Dunkelgrün (und Rückstiche gebogene Stengel)
⊡ 301 Ingwer
△ 975 Braun
◣ 3045 Dunkelbraun

Rückstiche (als Doppellinie) senkrechte Stengel Dunkelbraun

Blumenkorb ►

◺ 741 Gelb
◆ 721 Orange
⊡ 781 Ingwer
I 761 Blaßrosa (Rückstiche: 3733)
✚ 3733 Rosa
● 603 Blasses Magentarot
△ 351 Warmes Rosa
↓ 341 Blau
S 3348 Blaßgrün
○ 3364 Grün
↑ 3047 Steingrau, hell
◣ 372 Steingrau

Rückstiche, rechte Seite Korbboden: Ingwer, Stengel: Grün; linke Seite Korbboden und Korbrand: Steingrau

Nostalgische Blumenmotive

Blumen sind ein zeitloses Lieblingsmotiv aller passionierten Stickerinnen, da es sich für eine Vielzahl von Zwecken und Anlässen anbietet. Diese zart abgetönten Rosen- und Fliedermotive aus viktorianischer Zeit präsentieren sich hier in verschiedenen Rahmen, aber Sie können sie auch ganz nach Ihren eigenen Vorstellungen verwenden, um Ihr Heim mit der Schönheit gestickter Blüten zu erfüllen.

Nostalgische Blumenmotive

Material

Silberner Anhänger (ca. 4,8 x 4 cm):

13 x 13 cm Hardanger-Stoff in Antikweiß (ca. 88 Fäden/10cm)
Sticktwist in den in der Tabelle angeführten Farben
Sticknadel Nr. 26
Anhänger (siehe Bezugsquellen)

Dose aus mattiertem Glas mit rundem Deckel (6,8 cm Durchmesser):

13 x 13 cm Fein-Aida-Stoff in Antikweiß (ca. 70 Stiche/10 cm)
Sticktwist in den in der Tabelle angeführten Farben
Sticknadel Nr. 26
Glasschale (siehe Bezugsquellen)

Porzellanschatulle mit ovalem Deckel (7 x 5 cm):

3 x 3 cm Fein-Aida-Stoff in Antikweiß (ca. 70 Stiche/10 cm)
Sticktwist in den in der Tabelle angeführten Farben
Sticknadel Nr. 26
Porzellanschatulle (siehe Bezugsquellen)

Bild im Rundrahmen (6,5 cm Durchmesser):

13 x 13 cm Fein-Aida-Stoff in Antikweiß (ca. 70 Stiche/10 cm)
Sticktwist in den in der Tabelle angeführten Farben
Sticknadel Nr. 26
Rundrahmen (siehe Bezugsquellen)

Sticken

Wenn Sie sämtliche Motive, die auf Stern-Aida-Stoff sind, sticken oder ein Motiv mehrfach ausführen, können Sie vielleicht Stoff sparen, indem Sie nur ein Stück Stoff verwenden. Dabei müssen Sie aber darauf achten, daß um jedes Motiv genügend Platz für die gewünschte Art der Fertigstellung bleibt.
Für jedes Motiv einen Faden in der Nadel verwenden. Alle Deckstiche müssen in der gleichen Richtung verlaufen. Die Stickerei vorsichtig von links dämpfen. Stickbild in den entsprechenden Gegenstand einsetzen, indem Sie der Anleitung des Herstellers folgen.

Herz ▶		DMC	ANCHOR	MADEIRA
	Mittleres Mauve*	3041	871	0806
⍂	Sehr helles Graugrün	524	858	1511
S	Mittleres Graugrün	522	860	1513
T	Hellmauve	3042	870	0807
–	Sehr helles Mauve	3743	869	0801
●	Dunkles Lachsrosa	3712	10	0416
O	Mittleres Lachsrosa	760	9	0405
X	Helles Lachsrosa	761	8	0404
•	Sehr helles Lachsrosa	3713	48	0502

Rückstiche: mittleres Mauve* (Umrandung der Schleife)

Bild ▶		DMC	ANCHOR	MADEIRA
⍂	Sehr helles Graugrün	524	858	1511
S	Mittleres Graugrün	522	860	1513
●	Dunkles Lachsrosa	3712	10	0416
X	Helles Lachsrosa	761	8	0404
•	Sehr helles Lachsrosa	3713	48	0502

Anhänger und Glasdose ▶		DMC	ANCHOR	MADEIRA
Y	Mittelgelb	744	301	0112
⍂	Sehr helles Graugrün	524	858	1511
S	Mittleres Graugrün	522	860	1513
T	Hellmauve	3042	870	0801
–	Sehr helles Mauve	3743	869	0806
●	Dunkles Lachsrosa	3712	10	0416
O	Mittleres Lachsrosa	760	9	0405
X	Helles Lachsrosa	761	8	0404
•	Sehr helles Lachsrosa	3713	48	0502

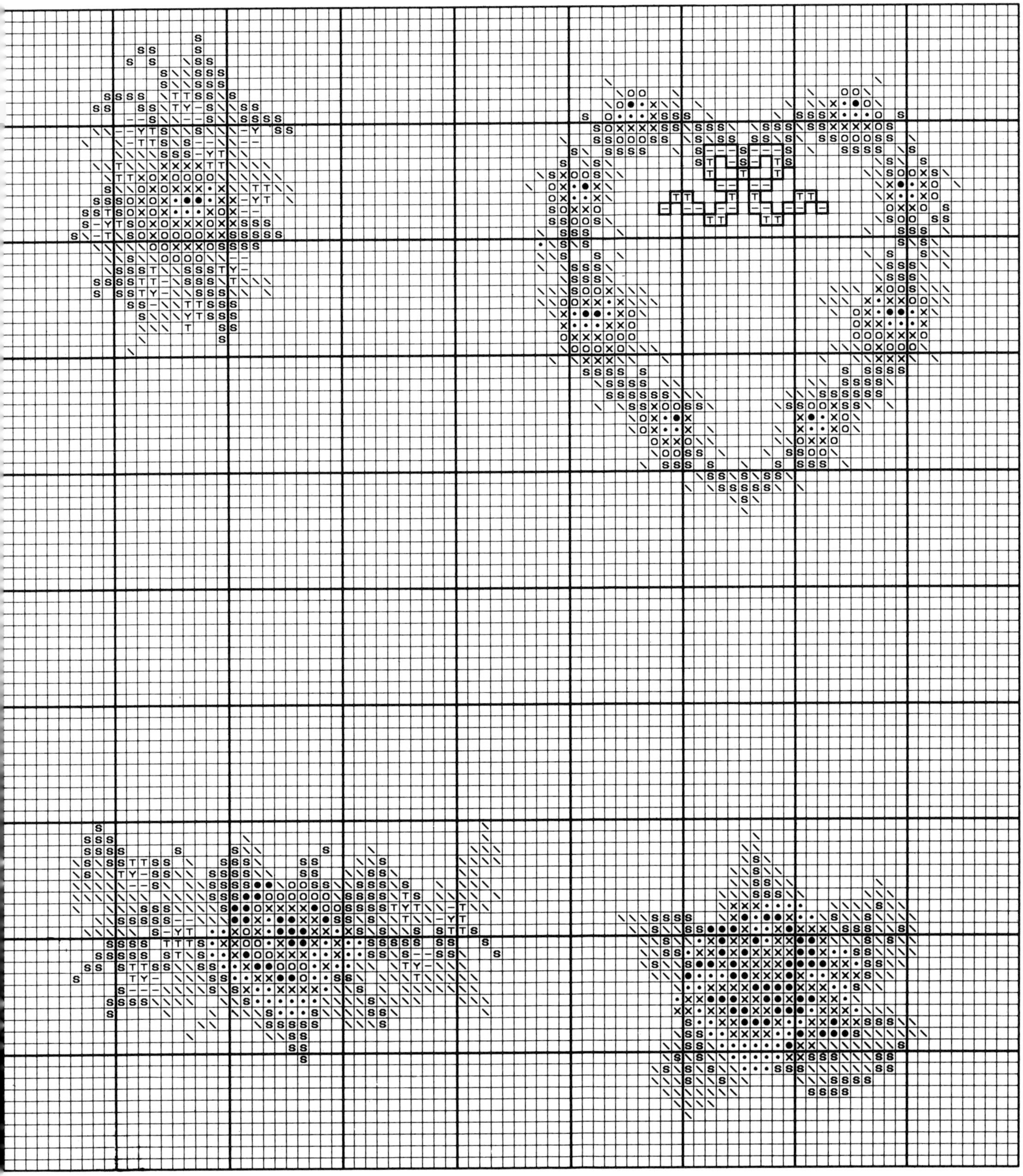

Blumenalphabet

Mit Blüten verzierte Monogramme sind eine ganz besondere Geschenkstickerei. Als Einfassung zu den Buchstaben werden hier zwei Bordürenmuster gezeigt, eines mit pfirsichfarbenen Rhomben und kleinen Blumen, das andere mit pfirsichfarbenen Rosenknospen und Herzen. Ein Präsent, das mit derart blumigen Initialen versehen ist, läßt bestimmt niemanden kalt.

Blumenalphabet

Material

Buchstabe in Holzrahmen (15 x 15 cm):

25 x 25 cm antikweißer Stern-Aida-Stoff (ca. 54 Stiche/10 cm)
Sticktwist in den in der Tabelle angeführten Farben
Sticknadel Nr. 26
Karton in Rahmengröße zum Aufziehen der Stickerei
Kräftiger Faden
Rahmen Ihrer Wahl

Geschenkkarte mit Fenster (6,5 x 6,5 cm):

13 x 13 cm cremefarbener Hardanger-Stoff
(ca. 88 Fäden/10 cm)
Sticktwist in den in der Tabelle angeführten Farben
Sticknadel Nr. 26
25 cm pfirsichfarbenes Band, 4 mm breit (falls gewünscht)
Geschenkkarte (siehe Bezugsquellen)

Kissen mit Spitze
(14 x 14 cm, einschließlich Spitzenborte):

15 x 15 cm weißer Damast-Aida-Stoff (ca. 72 Stiche/10 cm)
12 x 12 cm weißer Baumwollstoff oder Damast als Kissenunterseite
50 cm bereits geraffte Spitzenborte, 2 cm breit
Pfirsichfarbene Schleife
Sticktwist in den in der Tabelle angeführten Farben
Sticknadel Nr. 26
Lockere Polyesterfüllung

Buchstaben zentrieren

Den Stoff für das gewählte Motiv vorbereiten und Mitte mit senkrechten und waagerechten Heftstichlinien markieren (siehe Seite 4). Darauf achten, daß der Buchstabe genau in der Mitte des Stoffes sitzt. Um die Mitte des Buchstabens zu finden, die Anzahl der Quadrate an der breitesten und an der längsten Stelle zählen. Die jeweilige Zahl durch zwei teilen und entsprechend von außen nach innen zählen, um die Mitte zu erhalten. Von der Mitte des Stoffes nach außen zählen und Stickerei an einer günstigen Stelle beginnen.

Gerahmter Buchstabe

Stickerei mit zwei Fäden Sticktwist in der Nadel für Kreuzstiche und einem Faden für Rückstiche fertigstellen. Den Buchstaben mit der Rosenknospen-Bordüre einfassen. Die fertige Stickerei von links dämpfen. Mit kräftigem Faden auf Pappkarton aufziehen (siehe Seite 6) und in Rahmen einsetzen.

Geschenkkarte

Fertige Stickerei mit Rautenbordüre einfassen. Durchwegs einen Faden in der Nadel verwenden und über einen Gewebefaden sticken. Stickerei vorsichtig von links dämpfen. So zuschneiden, daß das Stickbild sauber hinter das Kartenfenster paßt, und Karte nach Anweisung des Herstellers fertigstellen. Falls gewünscht, mit einer Schleife verzieren.

Kissen mit Spitze

Fertige Stickerei mit der Rosenknospen-Bordüre einfassen. Durchwegs einen Faden Sticktwist in der Nadel verwenden. Die Stickerei mit der Hand waschen und vorsichtig von links dämpfen.
Den Stoff auf 12 x 12 cm zuschneiden. Spitzenborte um die Stickerei festheften, wobei die Zierkante nach innen zeigt und die gerade Kante innerhalb der Nahtzugabe von 1 cm sitzt. Die Enden der Spitze rechts auf rechts zusammennähen; Kissenunterseite und Stickerei samt Spitzenborte zusammenstecken und -steppen und auf einer Seite eine Öffnung von 5 cm frei lassen. Die Nahtzugabe an den Ecken zurechtschneiden; den Kissenbezug auf rechts wenden, mit Polyesterwatte füllen und die Öffnung vernähen. Schleife an einer Ecke annähen.

	Blumenalphabet und Bordüren ▶	DMC	ANCHOR	MADEIRA
B	Mittleres Blaugrau	927	849	1708
	Helles Blaugrau*	928	900	1709
	Mittleres Graugrün*	522	860	1513
S	Helles Graugrün	524	858	1511
•	Pfirsich hell	950	881	2309
X	Mittl. Dunkelpfirsich	3773	882	2310
●	Dunkles Dunkelpfirsich	407	883	2312

Zu beachten: helles Blaugrau* nur für die Rosenknospen-Bordüre; mittleres Graugrün* nur für die Rautenbordüre; Rückstiche: Spitzenkante der Rosenknospen-Bordüre in hellem Blaugrau und Herzen in dunklem Dunkelpfirsich

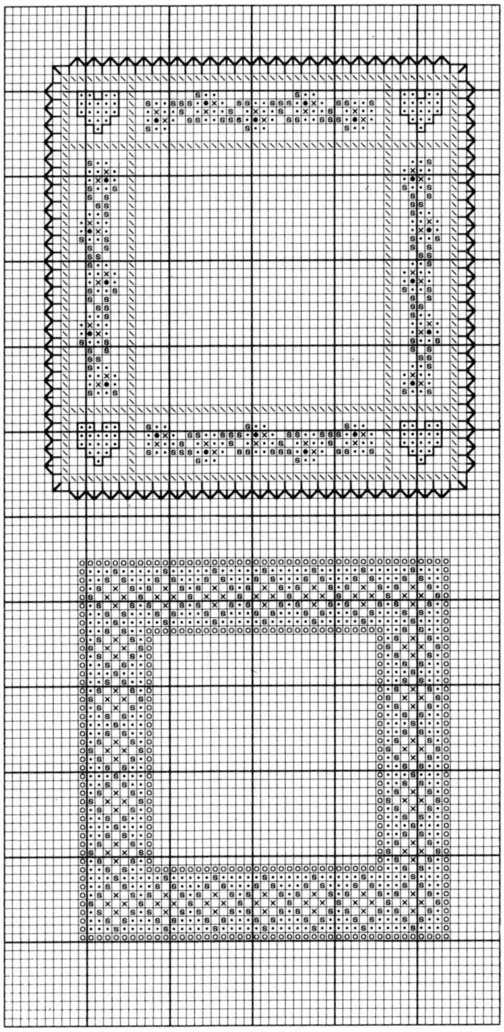

Bordüren

Alphabet

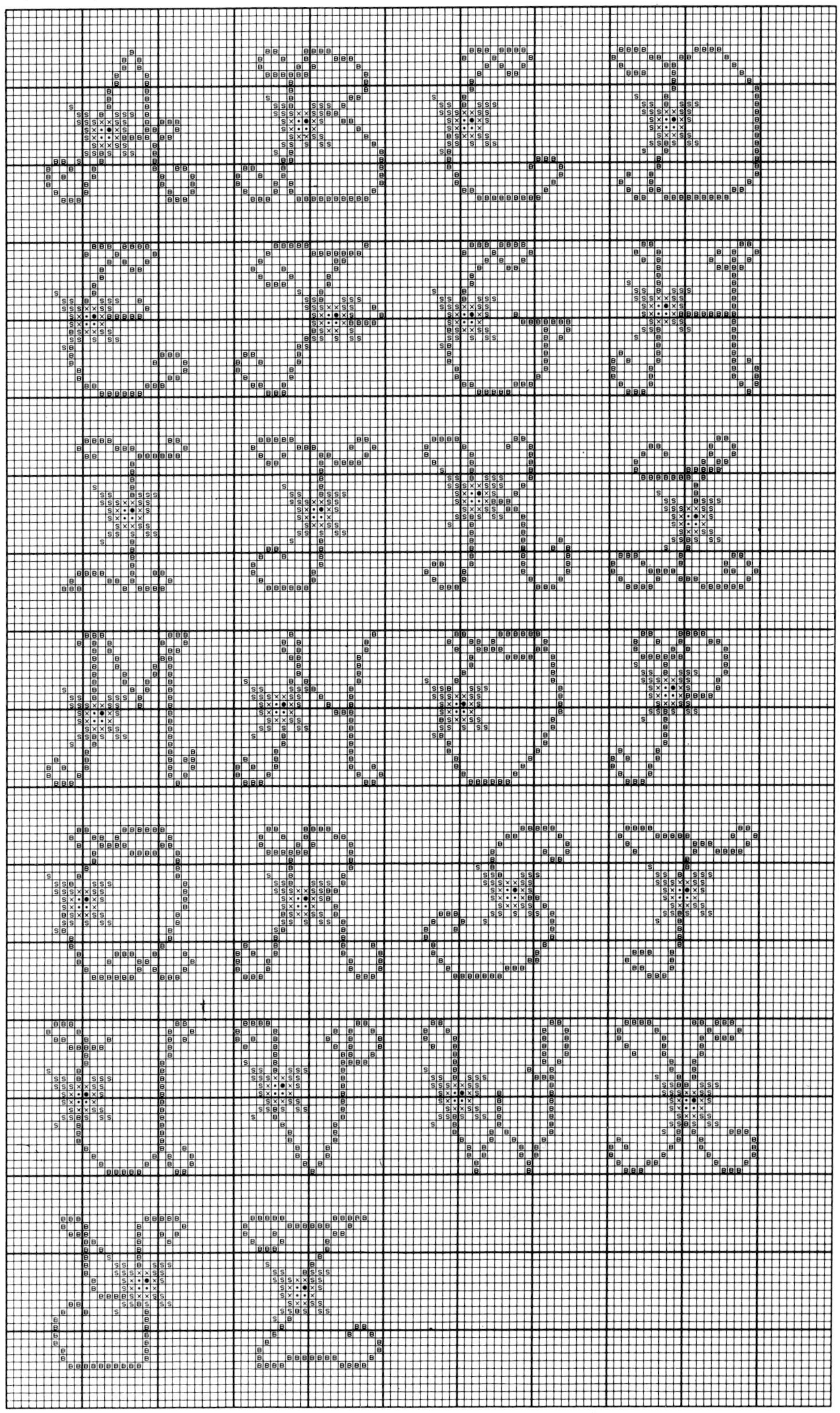

Das gewisse Etwas

Ein alte Tradition lebt derzeit wieder auf: das Verzieren von feiner Wäsche mit Stickereien. Deshalb ist eine ganze Reihe von Textilien auf dem Markt, die speziell zum Besticken gedacht sind. Diese subtil abgetönten Bordüren und Motive wurden auf Handtücher mit Aida-Einsätzen gestickt, sie lassen sich aber selbstverständlich auf vielfältige Weise auf anderen Textilien Ihrer Wahl anbringen.

Das gewisse Etwas

Material

Für jedes Handtuch:

Sticktwist in den in der Tabelle angeführten Farben
Sticknadel Nr. 26
Handtücher mit Aida-Streifen

Wenn Sie alle Motive sticken wollen, um ein Set von vier Handtüchern zu erhalten, benötigen Sie nur einen Strang von jeder Farbe.

Sticken

Wichtig ist, daß Sie die Musterwiederholungen gleichmäßig auf dem Handtuch plazieren und gleich viel Platz über und unter der Stickerei frei lassen. Die Mitte des Stickstreifens in der Senkrechten durch Falten des Handtuchs bestimmen und mit Heftstichlinien kennzeichnen. Ebenso die Mitte des Stickstreifens in der Waagerechten durch Heftstiche markieren.
Wenn Sie das Muster auf dem Stickstreifen zentriert haben, in beide Richtungen nach außen arbeiten. Für Kreuzstiche zwei Fäden Sticktwist in der Nadel verwenden, einen Faden für die Rückstich-Details. Alle Deckstiche müssen in der gleichen Richtung verlaufen. Nach Ausführen der Stickerei die Heftfäden entfernen.

Rosenmotiv ▸		DMC	ANCHOR	MADEIRA
S	Sehr helles Graugrün	524	858	1511
O	Helles Muschelrosa	3713	48	0502
P	Mittleres Lachsrosa	761	8	0404
•	Sehr blasses Rosa	819	271	0501
M	Blasse Antikmalve	3042	870	0806
Y	Mittelgelb	744	301	0112
	Mittleres Graugrün*	522	860	1513

Rückstiche: Stiele in mittlerem Graugrün* (nur für Rückstiche)

Kletterrose ▸		DMC	ANCHOR	MADEIRA
S	Sehr helles Graugrün	524	858	1511
O	Helles Muschelrosa	3713	48	0502
P	Mittleres Lachsrosa	761	8	0404
	Mittleres Graugrün*	522	859	1513

Rückstiche: dekorative Linien in sehr hellem Graugrün und Stiele in mittlerem Graugrün* (nur für Rückstiche)

Spitze und Bouquets ▸		DMC	ANCHOR	MADEIRA
S	Sehr helles Graugrün	524	858	1511
O	Helles Muschelrosa	3713	48	0502
P	Mittleres Lachsrosa	761	8	0404
•	Sehr blasses Rosa	819	271	0501
X	Mittleres Graugrün	522	860	1513
L	Blasses Silbergrau	762	397	1804
M	Blasses Antikmauve	3042	870	0806
	Dunkles Antikmauve*	3041	870	0806

Rückstiche: Schleifen in dunklem Antikmauve* (nur für Rückstiche)

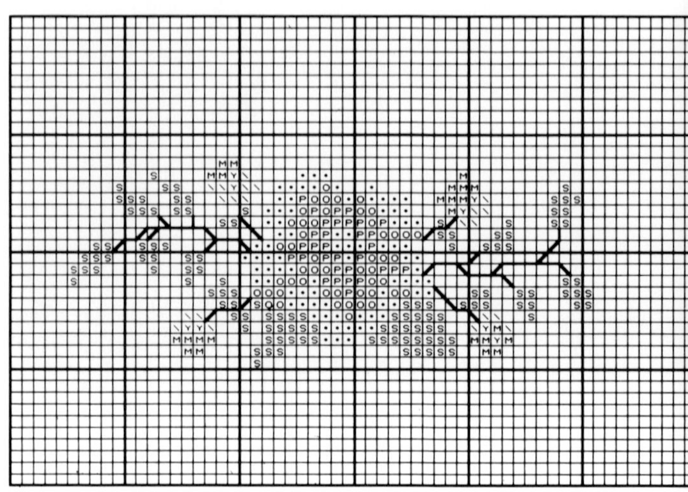

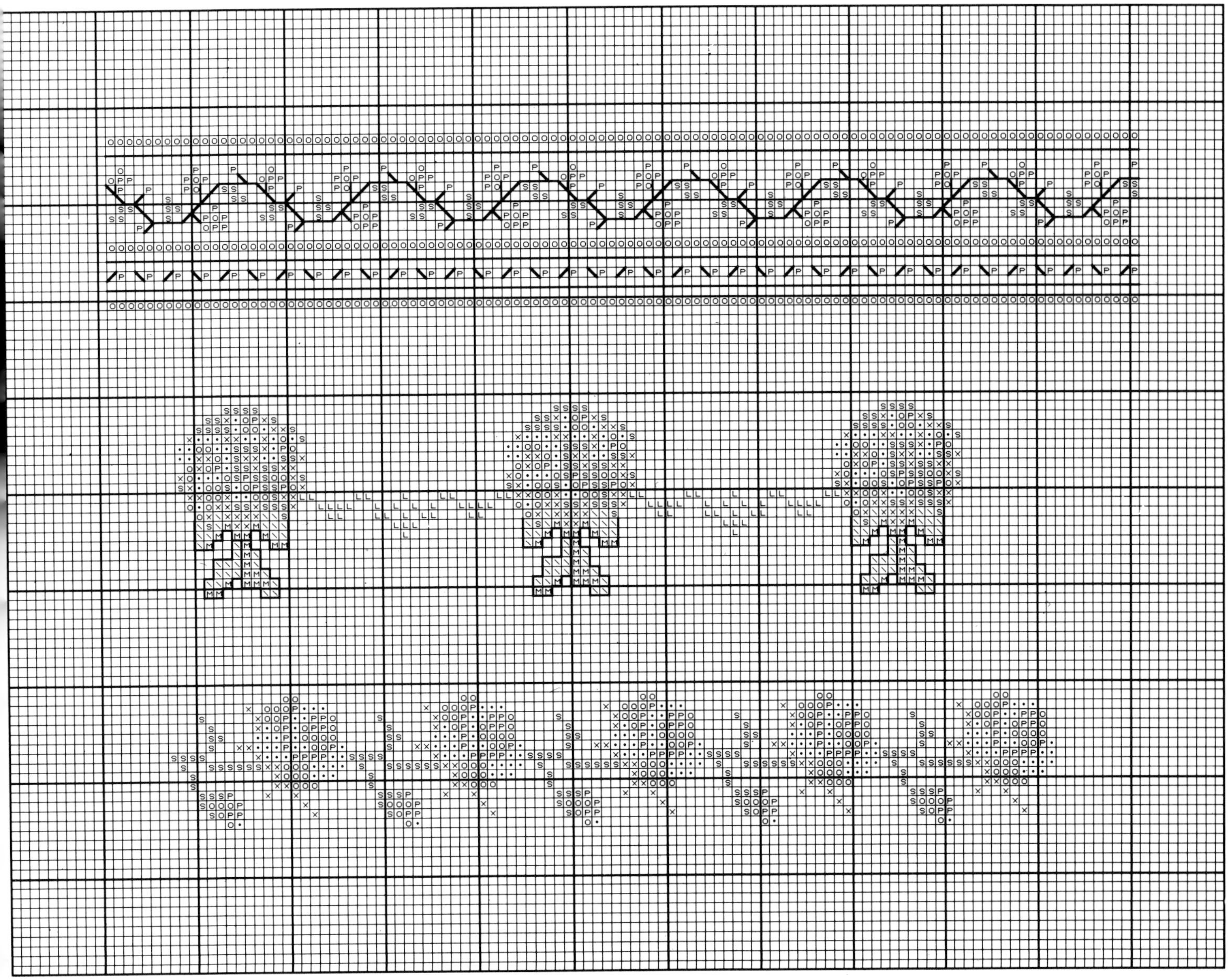

Sommerrosen ▲	DMC	ANCHOR	MADEIRA
S Sehr helles Graugrün	524	858	1511
O Helles Muschelrosa	3713	48	0502
P Mittleres Lachsrosa	761	8	0404
• Sehr blasses Rosa	819	271	0501
X Mittleres Graugrün	522	860	1513

PR

Gesticktes zur Hochzeit

Drei bezaubernde Accessoires für den Hochzeitstag – ein Kissen für die Trauringe, bestickt mit Tauben, Blumen und Herzen, den Initialen des Brautpaares und einer zarten Blütenbordüre und eingefaßt mit einer Rüsche aus duftiger Spitze; dazu passend zwei verspielte Säckchen für Konfetti oder Reis.

Mit Schlaufen aus Satinband versehen, könnte man sie nach der Hochzeit als originelle Beutelchen am Gürtel tragen. Auf alle Fälle aber dürften Kissen und Säckchen zu wohlgehüteten Andenken an den großen Tag werden.

Gesticktes zur Hochzeit

Material

Für das Trauring-Kissen, 25 cm x 25 cm:

2 Stücke weißes Stickleinen oder weißer Davosa-Stoff,
ca. 70 Fäden/10 cm, je 20 cm x 20 cm
Sticktwist in den in der Tabelle angeführten Farben
76 cm fertige weiße Spitzenrüsche, 4 cm breit
46 cm blaues Geschenkband
46 cm blaßrosa Geschenkband
Sticknadel Nr. 26
Passendes Nähgarn
1 Kissen, 20 cm x 20 cm

Für die Konfetti- und Reissäckchen, ca. 13 cm x 10 cm:

2 Stücke weißes Stickleinen oder weißer Davosa-Stoff,
ca. 70 Fäden/10 cm, je 20 cm x 20 cm, je 33 cm x 12 cm
Sticktwist in den in der Tabelle angeführten Farben
90 cm blaßblaues Satinband, 12 mm breit
90 cm blaßrosa Satinband, 12 mm breit
Sticknadel Nr. 26
Passendes Nähgarn
Transparentpapier

Kissen für die Trauringe:

Sticken

Den Anleitungen auf Seite 4 und 5 entsprechend den Stoff vorbereiten und in einen Stickrahmen spannen. Arbeiten Sie mit zwei Fäden in der Nadel und sticken Sie jeden Kreuzstich über zwei Gewebefäden. Halten Sie sich an das Zählmuster und sticken Sie zunächst die innere und anschließend die äußere Bordüre. Mit einem Knötchenstich in Minzgrün allen Vögeln zwei Stiche hinter dem Schnabel ein Auge setzen. Statt der Buchstaben P und R sticken Sie die Initialen des Brautpaars. Die Stickerei aus dem Rahmen nehmen, die Heftfäden herausziehen und – falls erforderlich – vorsichtig von links dämpfen.

Fertigstellen

Mit einer schmalen französischen Naht die Schmalseiten des Spitzenbesatzes zusammenfügen. Die Spitze rechts auf rechts auf die Stickerei legen und knapp innerhalb der 12 mm breiten Nahtzugabe auf den Stoff aufheften. Die Rüsche gleichmäßig verteilen – an den Ecken etwas fülliger – und dann ansteppen.

Ober- und Unterstoff rechts auf rechts legen, heften und rundherum zusammensteppen; in der Mitte einer Seite einen 13 cm langen Schlitz offenlassen. Die Ecken zurückschneiden und die Kissenhülle auf die rechte Seite drehen.
Fixieren Sie das Geschenkband mit einigen Stichen in der Mitte der Kissenhülle und knüpfen Sie es zu einer Schleife; später werden daran die Trauringe befestigt. Das Kissen in die Hülle stopfen und den Schlitz mit Hohlstichen verschließen.

Herzförmiges, blaues Konfetti-Säckchen:

Sticken

Den vorbereiteten Stoff der Breite nach in der Mitte falten, entlang der Umbruchlinie auseinanderschneiden und ein Stück (Rückseite) beiseite legen. Auf der anderen Hälfte die beiden Mittellinien mit Heftstichen markieren und den Stoff in einen Rundrahmen spannen. Sticken Sie mit zwei Fäden in der Nadel nach dem Zählmuster und arbeiten Sie jeden Kreuzstich über zwei Gewebefäden. Die fertige Stickerei von links dämpfen.

Fertigstellen

Pausen Sie mit einem weichen Bleistift die Konturen der Herzform durch und markieren Sie wie auf dem Zählmuster die Mittellinien. Die Stickerei mit der rechten Seite nach unten ausbreiten, das Transparentpapier umdrehen und so auf die Rückseite der Stickerei auflegen, daß Heft- und Bleistiftlinien übereinstimmen. Die Konturen nochmals nachziehen, damit sie sich auf dem Stoff abzeichnen. Im Abstand von 12 mm eine zweite Umrißlinie als Nahtzugabe ziehen. Den Stoff ausschneiden, als Schablone auf das zweite Stück Stoff auflegen und die Rückseite des Säckchens zuschneiden.
Schneiden Sie 25 cm des blaßblauen Bandes für die Schlaufe ab und legen Sie es beiseite. Die Schmalkanten des restlichen Bandes mit einer schmalen französischen Naht zusammenfügen, das Band fälteln, rechts auf rechts auf die Stickerei auflegen und feststecken (also ebenso verfahren wie mit der Spitzenrüsche an dem Trauring-Kissen). Vorder- und Rückseite des Säckchens rechts auf rechts legen, entlang der Kante zusammensteppen und an der im Zählmuster markierten Stelle eine Öffnung lassen.
Das Säckchen auf die rechte Seite drehen und an der rückwärtigen Oberkante einen 6 mm breiten Doppelsaum nähen.

Kissen für die Trauringe ▼

Symbol	Nr.	Farbe
◆	677	Gelb
△	605	Rosa
●	963	Dunkelrosa
✚	3747	Blau
⊡	955	Minzgrün
↓	722	Gelbgrün
○	504	Graugrün

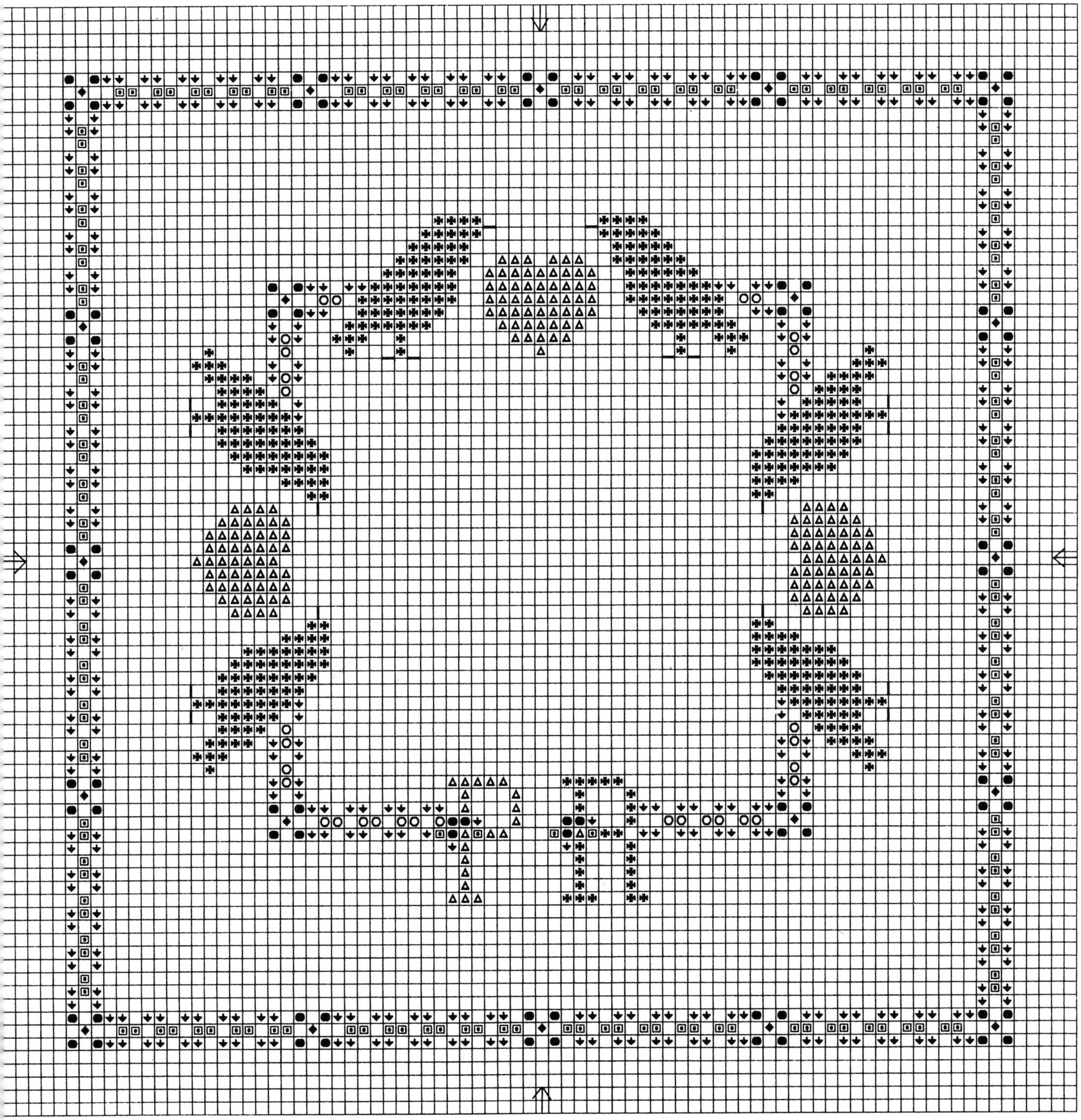

Für die Schlaufe das restliche Band in der Mitte falten und die beiden Enden an der vorderen Oberkante von innen und durch die Nahtzugabe hindurch mit einigen Steppstichen festnähen. An der Innenseite der rückwärtigen Oberkante eine Knopflochschlinge machen, das Säckchen mit Konfetti füllen und die Seidenschlaufe durch die Knopflochschlaufe ziehen.

Blaues Konfettisäckchen ▼

○	677	Blaßgold	•	794	Blau
⊡	744	Gelb	△	772	Grün
↓	3747	Blaßblau	✠	504	Graugrün

Hier offenlassen

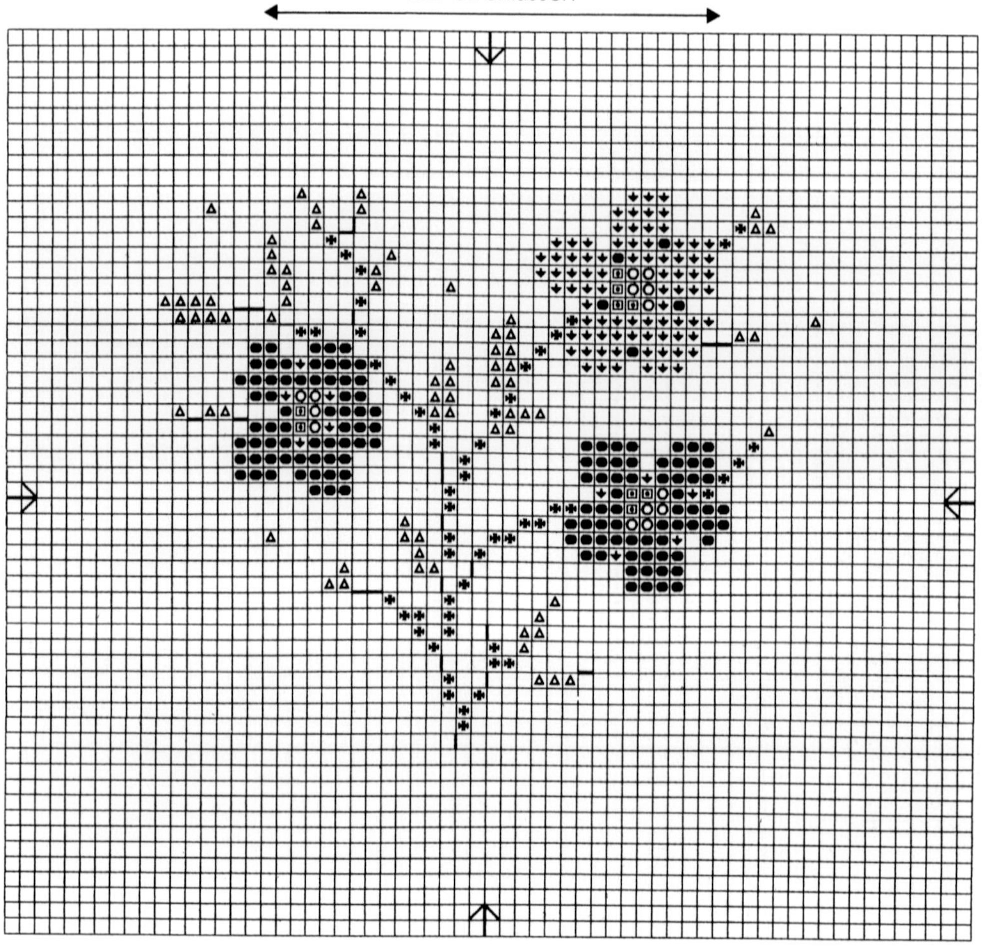

Viereckiges, rosafarbenes Konfetti-Säckchen:

Sticken

Falten Sie dem Diagramm auf Seite 41 entsprechend den Stoff der Breite nach in der Mitte und markieren Sie die Umbruchlinie sowie auf dem Oberstoff die senkrechte Mittellinie mit Heftstichen; die Senkrechtlinie dient als Orientierungshilfe beim Plazieren des Motivs. Nun den Stoff nach dem Zählmuster genauso besticken wie das herzförmige Säckchen.

Rosafarbenes Konfettisäckchen ▼

- ○ 677 Blaßgold
- ⊡ 744 Gelb
- △ 605 Blaßrosa
- ● 962 Rosa
- ↓ 722 Grün
- ✠ 504 Graugrün

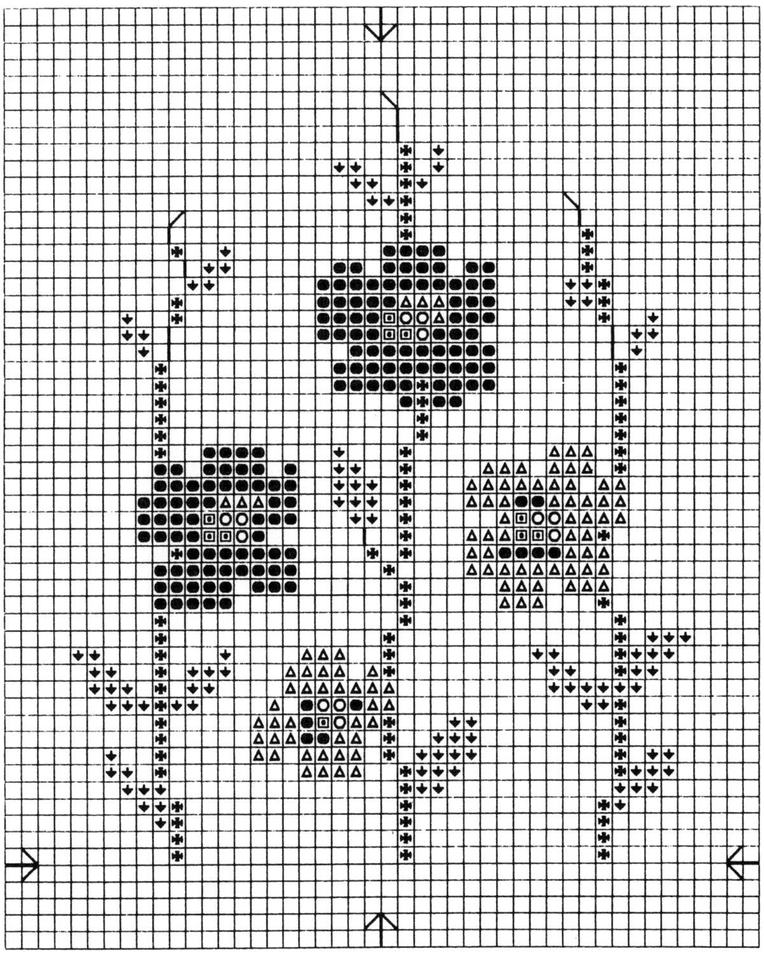

Fertigstellen

Den Stoff der Breite nach in der Mitte falten, rechts auf rechts legen und die Seitenkanten heften und zusammensteppen. Die Nahtzugabe auf 6 mm zurückschneiden und die Naht auseinanderbügeln. Die Oberkante 12 mm breit doppelt einschlagen, stecken, heften und säumen.
Für die Schlaufe 40 cm rosa Band abschneiden. Die Bandenden in das Säckchen schieben und in der Mitte der Vorder- und Rückseite etwa 3 cm unterhalb der Oberkante annähen (die Stiche verschwinden unter der rosa Schleife). Das restliche Band in der Mitte falten und ca. 3 cm unterhalb des Randes seitlich befestigen. Das Säckchen mit Konfetti oder Reis füllen und zubinden.

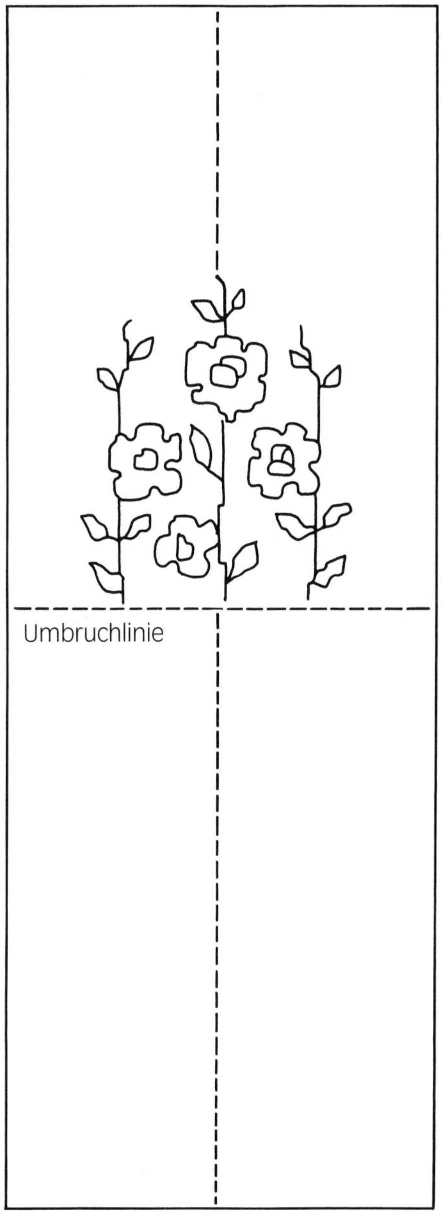

Zierkissen

Ein hübsches, für einen besonderen Anlaß besticktes Kissen ist immer ein willkommenes Geschenk. Die beiden Motive „Hochzeitsglocken“ und „Valentinsherz“ sind mit Bändern bzw. einer Goldfadenbordüre eingerahmt, und alle drei Kissenhüllen sind rundum mit Spitzenrüschen besetzt.

Zierkissen

Material

Kissen zum Hochzeitstag, 25 cm x 25 cm (mit Spitzenbesatz):

2 Stücke weißer Davosa-Stoff, ca. 70 Fäden/10 cm, je 25 cm x 25 cm
Sticktwist in den in der Tabelle angeführten Farben
1,40 m weiße Spitzenborte, 2,5 cm breit
Goldfaden für die Umrandung
Sticknadel Nr. 26
Passendes Nähgarn
1 Kissen 23 cm x 23 cm

Weihnachtskissen, 25 cm x 25 cm (mit Spitzenbesatz):

2 Stücke khakifarbener Stern-Aida-Stoff, ca. 64 Stiche/10 cm, je 25 cm x 25 cm
Sticktwist in den in der Tabelle angeführten Farben
1,40 m Spitzenborte in dunklem Creme, 2 cm breit
Sticknadel Nr. 24
Passendes Nähgarn
1 Kissen 23 cm x 23 cm

Kissen zum Valentinstag, 25 cm x 25 cm (mit Spitzenbesatz):

2 Stücke weißes Stickleinen, ca. 84 Fäden/10 cm, je 23 cm x 23 cm
Sticktwist in den in der Tabelle angeführten Farben
1,40 m weiße Spitzenborte, 4 cm breit
1,80 m rosafarbenes Geschenkband
Sticknadel Nr. 26
Passendes Nähgarn
1 Kissen 20 cm x 20 cm

Kissen zum Hochzeitstag:

Sticken

Auf einem der beiden Stoffquadrate die Mittellinien mit Heftstichen markieren und den Stoff in einen Rundrahmen spannen (siehe Seite 4). Arbeiten Sie nach dem Zählmuster, nehmen Sie zwei Fäden in die Nadel und füllen Sie zuerst die Felder aus, die mit Goldfaden gestickt werden. Bei diesem Material tut man besser daran, jeden Kreuzstich einzeln fertigzustellen, damit die Fäden nicht verrutschen. Abschließend die Konturen der unteren Glockenränder mit Silberfaden und Steppstichen herausarbeiten. Die Stickerei aus dem Rahmen nehmen und von links dämpfen.
Die Goldfaden-Doppellinien der Vorlage entsprechend und mit zwei Fäden in der Nadel in Wechselstichtechnik sticken; das heißt, abwechselnd einen Gewebefaden aufnehmen und fünf Gewebefäden liegenlassen. Achten Sie darauf, daß die Stiche in allen Reihen parallel nebeneinander laufen.

Fertigstellen

Den bestickten Stoff auf 21,5 cm x 21,5 cm zurechtschneiden.
Die Schmalseiten der Spitzenborte mit einer schmalen französischen Naht zusammenfügen und an der geraden Kante der Borte eine Kräuselnaht machen. Den Reihfaden auf die passende Länge zusammenziehen und die gerüschte Borte rechts auf rechts so auf die Stickerei auflegen, daß die gerade Kante knapp innerhalb der Nahtzugabe liegt. Die Rüschen gleichmäßig verteilen – an den Ecken etwas fülliger, die Spitzenborte aufheften und ansteppen.
Kissenoberseite und Unterstoff rechts auf rechts legen, den Unterstoff auf die passende Größe zurechtschneiden und dann beide Teile heften und zusammensteppen; in der Mitte einer Seite einen 13 cm langen Schlitz offenlassen. Die Heftfäden herausziehen, die Ecken zurückschneiden und die Kissenhülle auf die rechte Seite drehen. Das Kissen hineinstopfen und den Schlitz mit Hohlstichen schließen.

Hochzeitstag ▶

◆	762	Rohweiß
↑	3047	Blaßgelb
○	676	Gelb
◺	725	Sattgelb
I		Goldfaden
●	3352	Rosa
S	747	Blaßblau
◣	504	Blaßgrau
⊡	415	Grau
↓	928	Grüngrau, blaß
✚	927	Grüngrau
△		Silberfaden

Rückstiche, Glocken: Silberfaden; Grau; Grüngrau

Kissen zum Valentinstag:

Sticken

Den Stoff vorbereiten und in einen Rundrahmen spannen. Arbeiten Sie mit zwei Fäden in der Nadel nach dem Zählmuster und sticken Sie jeden Kreuzstich über zwei Gewebefäden. Die fertige Stickerei von links dämpfen. Das Geschenkband in je vier 27,5 cm und 17,5 cm lange Stücke schneiden und im Abstand von sechs Gewebefäden zur gestickten Umrandung auf allen vier Seiten einen Gewebefaden herausziehen.
Nun der Stickvorlage entsprechend ein 17,5 cm langes Stück Band vom Schnittpunkt zweier Fadenlinien aus Richtung Außenkante so durchziehen, daß jeweils vier Gewebefäden über und sechs Gewebefäden unter dem Band liegen; für die Schleife das Bandende am Schnittpunkt überstehen lassen.
Nun ein 27,5 cm langes Stück Band von der gegenüberliegenden Stoffkante aus bis zum selben Schnittpunkt durchziehen. Mit den übrigen Bändern und Sei-

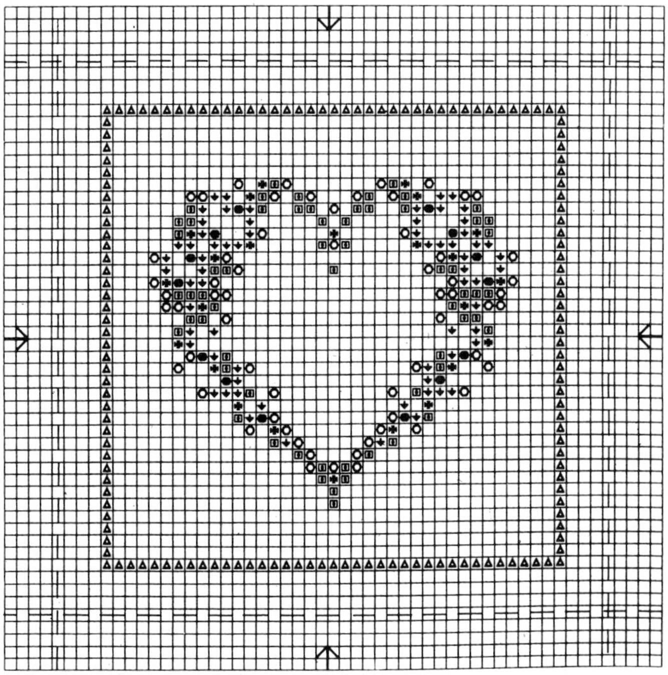

——— Faden zum Einziehen des Bandes herausziehen

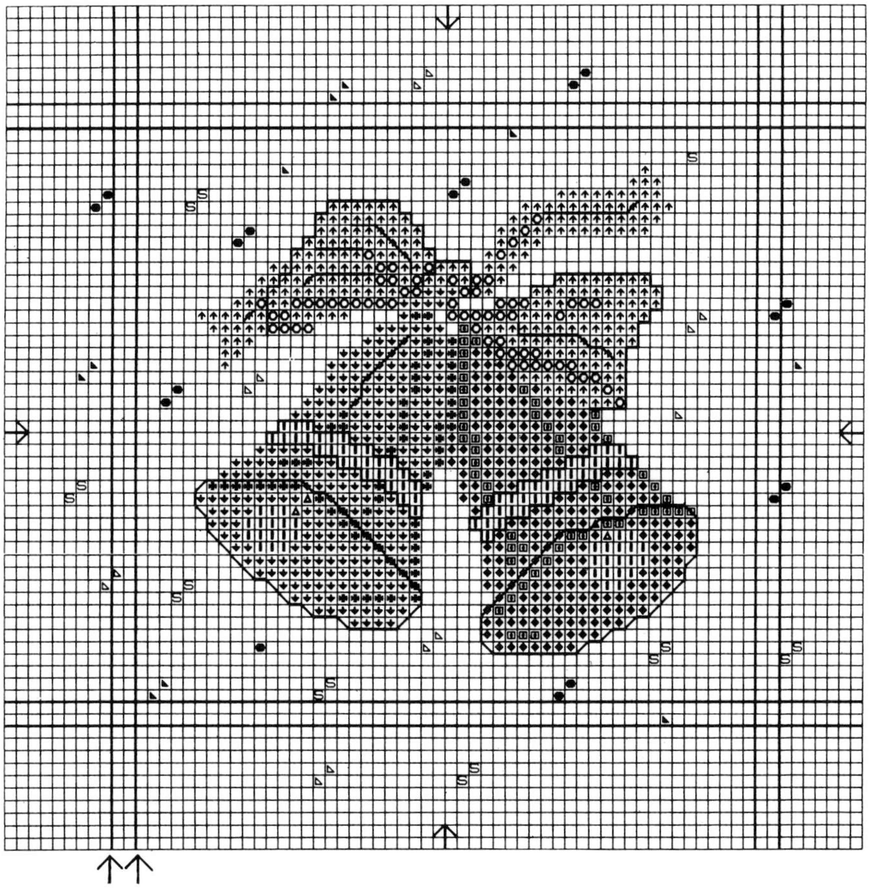

Entlang diesen Linien wird der Goldfaden eingestickt

Valentinstag ▲

↓	962	Rosa
●	601	Rot
○	704	Leuchtendgrün
△	733	Olivgrün
⊡	732	Olivgrün, dunkel
✚	520	Dunkelgrün

ten ebenso verfahren. Die äußeren Bandenden beim Zusammensteppen von Kissenober- und -unterseite mitfassen, und die Bandenden an den Schnittpunkten zu Schleifen binden.

Fertigstellen

Stickerei und Unterstoff auf 20 cm x 20 cm zurechtschneiden, die Spitzenborte aufsteppen und die Kissenhülle wie das Kissen zum Hochzeitstag fertigstellen.

Weihnachtskissen

Sticken und Fertigstellen

Die Kissenhülle nach dem entsprechenden Zählmuster genauso sticken wie das Kissen zum Hochzeitstag. Allerdings wird in diesem Fall auf Aida-Stoff gearbeitet, und Sie können deshalb die Kreuzstiche, falls Sie dies vorziehen, in Reihen sticken. Die Steppstiche bilden den Abschluß.

Die Stickerei von links dämpfen. Ober- und Unterstoff auf 24 cm x 24 cm zurechtschneiden, die Spitzenborte aufsteppen und die Kissenhülle wie zuvor beschrieben fertigstellen.

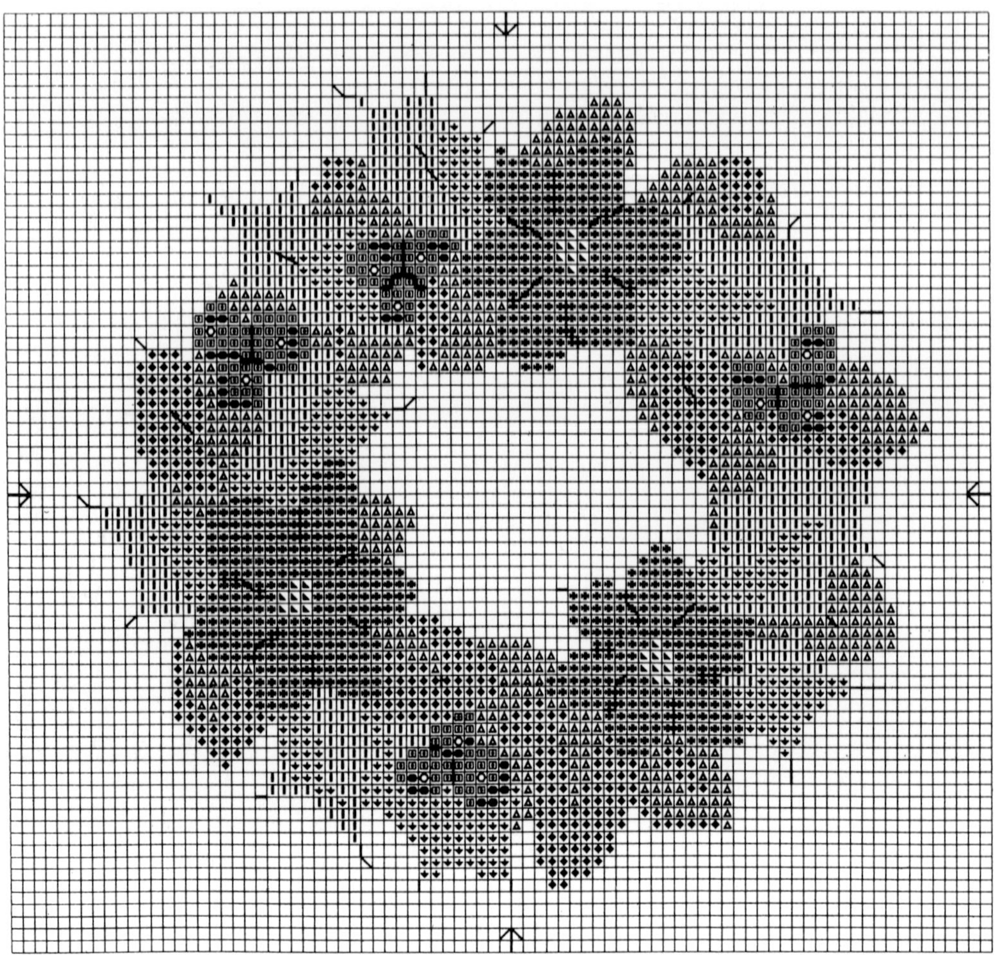

Weihnachtskissen ◄

◣	725	Gelb
○	604	Rosa
⊡	600	Dunkelrosa
✚	606	Rot
•	915	Purpur
◆	772	Gelbgrün
△	907	Gelbgrün
I	955	Blaßgrün
↓	912	Blaugrün

Rückstiche Weihnachtsstern: Purpur; Blaugrün

Lavendel-säckchen mit Spitzenborte

Wohlriechende Lavendelsäckchen besitzen eine lange Tradition und werden wohl nie aus der Mode kommen.
Die hier gezeigten Modelle sind zur Aufbewahrung in der Wäscheschublade gedacht, können aber ebenso gut in einen Kleiderschrank gehängt werden. In diesem Fall benötigen Sie lediglich etwas mehr Band als angegeben. Zumeist als Lavendelsäckchen bezeichnet, kann man diese Duftsäckchen aber auch mit anderen wohlriechenden Trockenblüten füllen. Zu dem gestickten Kränzchen aus Rosen und Veilchen beispielsweise würde eine Mischung aus getrockneten Sommerblumen und Rosenblättern besonders gut passen. Und der intensive zitronenartige Duft der Eberraute (Artemisia abrotanum) gilt seit eh und je als Schutz vor Motten.

Lavendelsäckchen mit Spitzenborte

Material

Für ein Säckchen, 23 cm x 15 cm:

50 cm x 20 cm weißer Zählstoff, z.B. Davosa-Baumwollstoff oder Naturleinen, ca. 72 Fäden/10 cm
32,5 cm fertige weiße Spitzenrüsche, 4 cm breit
70 cm doppelseitiges weißes Satinband, 1 cm breit
Sticktwist in den in der Tabelle angeführten Farben
Sticknadel Nr. 26
Passendes Nähgarn
Getrocknete Lavendelblüten oder andere wohlriechende Trockenblumen (das Säckchen wird nur zur Hälfte gefüllt)

Sticken

Zur Übertragung der Orientierungslinien für die Stickerei den Stoff der Breite nach falten und die Umbruchlinie mit einer Stecknadel kennzeichnen. Im Abstand von 8 cm zum Stoffbruch eine Querlinie und außerdem die senkrechte Mittellinie heften.
Den Stoff in einen Stickrahmen spannen und das Motiv nach dem Zählmuster und mit zwei Fäden in der Nadel sticken. Bei der Arbeit mit mehreren Farben können Sie zur Zeitersparnis mit zwei, drei oder mehr Nadeln arbeiten und jene, die gerade nicht gebraucht werden, an den Rand stecken.
Die Heftfäden herausziehen und die fertige Stickerei aus dem Rahmen nehmen und von links dämpfen.

Fertigstellen

Den Stoff der Breite nach rechts auf rechts falten; die Längsseiten heften und mit einer 2,5 cm breiten Naht zusammensteppen. Sind die Kanten ausgefranst, ist es ratsam, die Breite des Säckchens von 15 cm nochmals nachzumessen. Die Nahtzugabe auf 12 mm zurückschneiden und das Säckchen auf die rechte Seite drehen. Die Oberkante 4 cm breit umschlagen und heften. Die Schmalseiten der Spitzenrüsche mit einer schmalen französischen Naht verbinden. Den Spitzenbesatz von innen an die Oberkante des Säckchens stecken, heften und dann von rechts dicht am Rand ansteppen.
Das Säckchen zur Hälfte mit Lavendelblüten füllen, mit dem Satinband zuschnüren und das Band an der Vorderseite zu einer Schleife binden.

Rosen und Veilchen ▶

॥	445	Gelb	✦	792	Veilchenblau
△	3733	Rosa	=	3761	Türkis
✚	603	Magentarot	÷	959	Blaugrün
⊡	817	Dunkelrot	S	943	Dunkelgrün
◆	341	Blaßblau	I	989	Grün
◺	794	Blau	↑	471	Olivgrün
●	798	Tiefblau	○	3051	Olivgrün, dunkel
◣	3609	Blaulila			

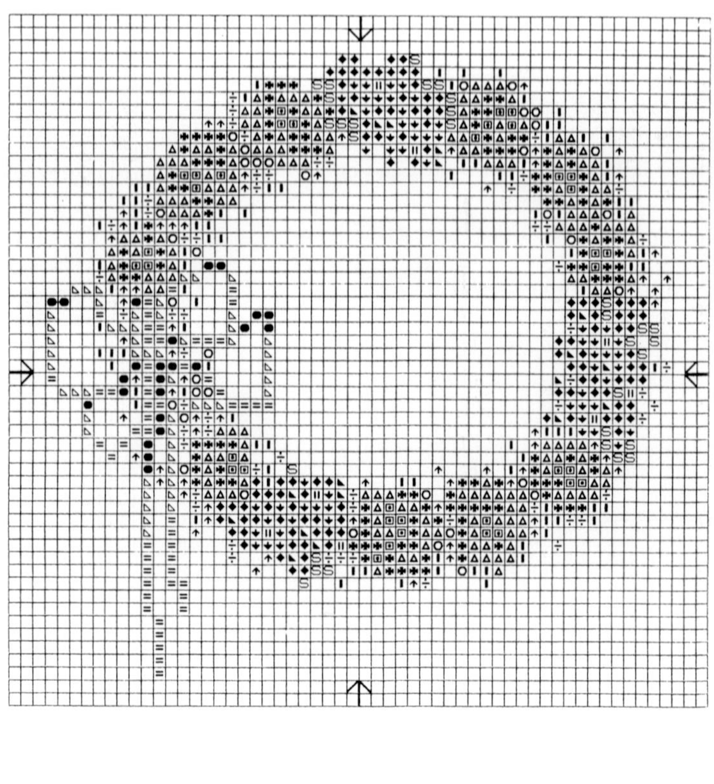

Kleine Gärtnerin ▲

- ॥ Weiß
- ◇ 745 Zitrone, blaß
- × 445 Blaßgelb
- ◺ 444 Leuchtendgelb
- ◆ 783 Sattgelb
- ↑ 948 Fleischfarben
- ⊡ 605 Rosa
- ● 603 Dunkelrosa
- ✚ 3705 Rot
- = 3761 Blaßblau
- ◓ 3766 Türkis
- ↓ 930 Schiefergrau
- I 794 Blau
- S 564 Blaßgrün
- △ 958 Blaugrün
- ÷ 3348 Grün
- ◣ 702 Dunkelgrün
- ○ 3053 Khaki

Rückstiche Pumphose, Schmetterlingskörper, Muscheln: Schiefergrau; Kragen: Blau

Blauer Lavendel ▶

- ✚ 224 Rosa
- ● 892 Geranienrot
- ⊡ 340 Veilchenblau
- △ 341 Blau
- ↓ 368 Grün

Rückstiche: Grün

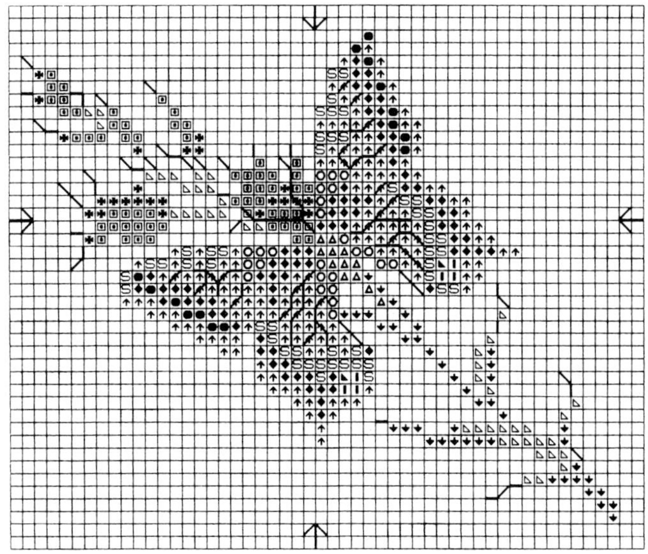

Schmetterling ▲

- ↑ 445 Gelb
- ◣ 783 Ocker
- I 721 Orange
- ◆ 734 Khaki
- ⊡ 602 Rosa
- ✚ 349 Rot
- ◺ 989 Grün
- ↓ 993 Blaugrün
- ○ 930 Grünblau, dunkel
- S 340 Hellblau
- ● 792 Dunkelblau
- △ 824 Marineblau, hell

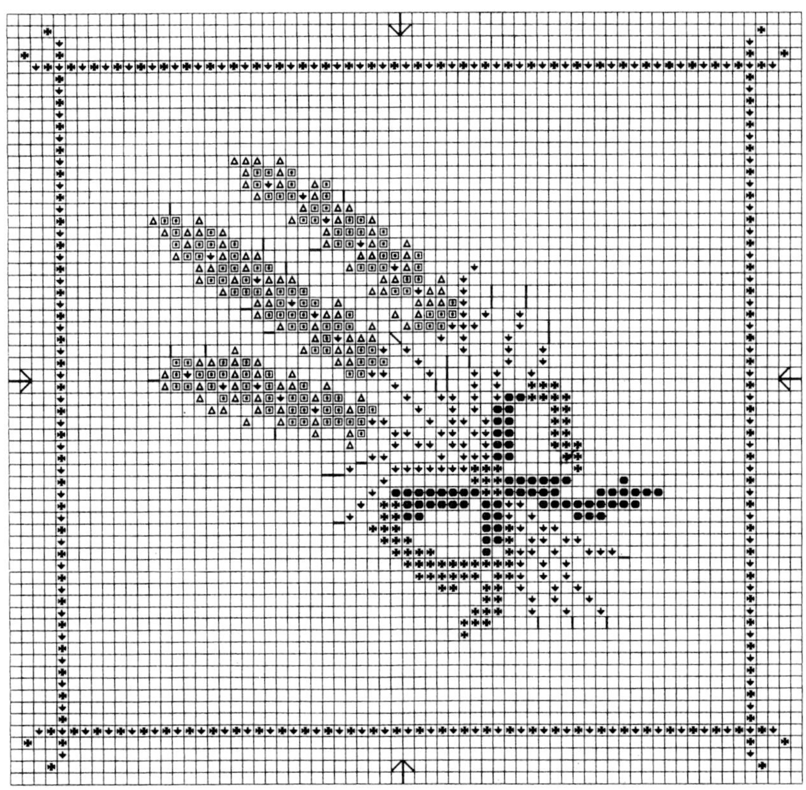

Kissenhülle mit Bändern

Putzen Sie ein unifarbenes gelbes Kissen mit dieser hübsch bestickten und mit Satinbändern versehenen Hülle aus blütenweißem Baumwollstoff heraus. Die Idee ist ebenso originell wie praktisch; abends wird der Bezug abgenommen und braucht deshalb nicht so oft gewaschen zu werden.
Das Motiv „Hirtenjunge" wirkt aber auch auf Kinderkleidung, einem Lätzchen oder einem Tischset sehr hübsch.

Kissenhülle mit Bändern

Material

Für eine Kissenhülle 46 cm x 35 cm:

48,5 cm x 38 cm weißer Stern-Aida-Stoff,
ca. 54 Fäden/10 cm
48,5cm x 38 cm weißer feiner Baumwollstoff oder Leinen
zum Abfüttern
2,50 m kornblumenblaues Satinband, 2 cm breit
1,40 m kornblumenblauer Schrägstreifen
Sticktwist in den in der Tabelle angeführten Farben
Sticknadel Nr. 24
Passendes Nähgarn

Sticken

Bereiten Sie den Anleitungen auf Seite 5 entsprechend den Stoff vor, markieren Sie nach nebenstehendem Zählmuster die Orientierungslinien für das Motiv mit Heftfaden und spannen Sie den Stoff in einen Stickrahmen.

Arbeiten Sie mit zwei Fäden in der Nadel, füllen Sie zuerst die Kreuzstichfelder aus und schließen Sie mit den Rückstichen ab.

Die Heftfäden herausziehen, die Stickerei aus dem Rahmen nehmen und von links dämpfen.

Fertigstellen

Ober- und Unterstoff rechts auf rechts an den beiden Längsseiten zusammenheften, mit einer 12 mm breiten Naht steppen und die Nähte breitbügeln.

Das Satinband in acht gleich lange Stücke schneiden. Die Kissenhülle auf die linke Seite drehen und die Bänder paarweise und im Abstand von 10 cm zu den Längsnähten auf die Schmalseiten des Bezuges heften (siehe Abbildung unten). Nun die Schmalseiten der Kissenhülle mit Schrägstreifen versäubern, dabei die Bandenden mitfassen und die Schrägstreifenkanten an der Nahtstelle überlappen lassen. Die Kissenhülle bügeln und auf die rechte Seite drehen. Streifen Sie den Bezug über ein Kissen in einer Kontrastfarbe und binden Sie die Bänder zu Schleifen.

Hirtenjunge ▶

- ◺ Weiß (Rückstiche: Blau)
- S 744 Gelb (Rückstiche: Maisgelb)
- ↓ 738 Maisgelb
- ◆ 834 Dunkelgelb
- I 3779 Fleischfarben (Rückstiche: Rot)
- △ 3712 Rot (Rückstiche: Olivgrün)
- ○ 341 Blau (Rückstiche: Dunkelblau)
- ● 792 Dunkelblau (Rückstiche: 017; außerdem Rückstiche Auge)
- ✚ 3052 Olivgrün
- ⊡ 3011 Braun

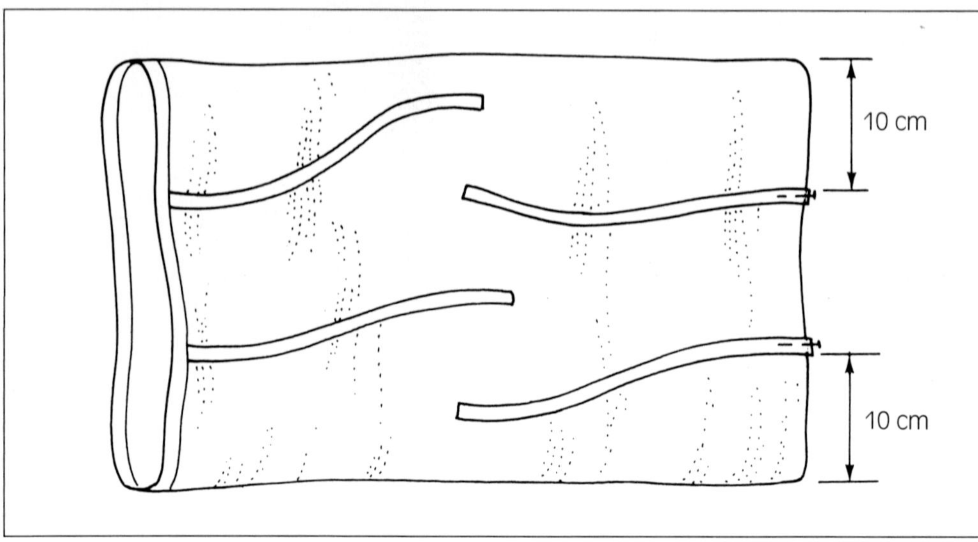

Hübsche Nadelkissen

Nadelkissen sind beim Nähen und Sticken unentbehrlich. Diese drei sind rasch angefertigt und bieten Platz für eine Menge Nadeln. Eines der drei Motive ist auf ein fertiges, in einen Holzrahmen montiertes Kissen aufgestickt – ein hübsches Geschenk und ohne Steck- und Nähnadeln für sich allein schon ein originelles Accessoire.

Die beiden anderen Modelle – mit Schleifchen bzw. Kordeln verzierte Miniaturkissen – eignen sich ideal als Beitrag für einen Wohltätigkeitsbasar, beispielsweise einen Weihnachtsmarkt für einen guten Zweck.

Die Zierkordel können Sie fertig kaufen, ebenso gut aber auch aus Sticktwist selbst drehen. Schneiden Sie mehrere lange Fäden ab, verknoten Sie sie an einem Ende miteinander und befestigen Sie sie an einem Türgriff. Nun den Strang der ganzen Länge nach fest zusammendrehen, dann strammziehen, in der Mitte fassen und die beiden Enden zusammenführen. Fertig ist die Kordel!

Hübsche Nadelkissen

Material

Motiv „Zwei Vögel", Ø 11,5 cm:

18cm x 18cm cremefarbener Hardanger-Stoff,
ca. 64 Fäden/10 cm
Sticktwist in den in der Tabelle angeführten Farben
Sticknadel Nr. 24
Vorgefertigtes Nadelkissen im Holzrahmen

Motiv „Rosenkavalier", 13 cm x 13 cm:

2 Stücke cremefarbener Stern-Aida-Stoff,
ca. 54 Stiche/10 cm, je 15 cm x 15 cm
1,10 m blaßrosa Geschenkband
Sticktwist in den in der Tabelle angeführten Farben
Sticknadel Nr. 24
Kapok oder Schafwolle zum Ausstopfen
Passendes Nähgarn

Motiv „Schlafmütze", 13 cm x 13 cm:

2 Stücke grauer Fein-Aida-Stoff,
ca. 70 Stiche/10 cm, je 15 cm x 15 cm
60 cm dünne Kordel in dunklem Türkis
Sticktwist in den in der Tabelle angeführten Farben
Sticknadel Nr. 26
Kapok oder Schafwolle zum Ausstopfen
Passendes Nähgarn

Sticken

Alle drei Nadelkissen werden auf dieselbe Weise gestickt. Den Anleitungen auf Seite 4 und 5 entsprechend den Stoff vorbereiten (für die Motive „Rosenkavalier" und „Schlafmütze" jeweils 1 Stoffquadrat), in einen Rundrahmen spannen und die Motive mit zwei Fäden in der Nadel sticken. Die Stickerei aus dem Rahmen nehmen und von links dämpfen.

Fertigstellen

„Zwei Vögel":
Das Stickbild mit der linken Seite nach oben ausbreiten, den Holzrahmen auflegen und die Kreislinie mit einem weichen Bleistift nachziehen. Anschließend rundum mindestens 12 mm Stoff zugeben und ausschneiden. Entlang der Bleistiftlinie einen Reihfaden einziehen, das Stickbild auf die Mitte ausgerichtet auf das Kissen auflegen und feststecken. Den Reihfaden zusammenziehen, die Fältchen an der Unterkante glätten und den Faden fest vernähen. Das Kissen in den Holzrahmen setzen und mit der mitgelieferten Schraube festziehen.

„Rosenkavalier" und „Schlafmütze":
Stickbild und Stoff für die Unterseite rechts auf rechts legen, feststecken und rundherum mit einer 12 mm breiten Naht zusammensteppen; auf einer Seite einen 8 cm langen Schlitz offenlassen. Die Nadelkissenhülle auf die rechte Seite wenden, ausstopfen und die Öffnung mit Hohlstichen schließen.
Für den „Rosenkavalier" das Band in vier gleich lange Stücke schneiden, jeweils einen Streifen zweimal um einen Kissenzipfel schlingen, festziehen und ein Schleifchen binden. An dem Nadelkissen „Schlafmütze" die Kordel mit Hohlstichen entlang der Kante festnähen und dabei – wie auf der Abbildung zu sehen – an jeder Ecke eine kleine Schlinge legen.

Zwei Vögel ▼

- ◺ Weiß
- ◣ 444 Gelb
- △ 3733 Rosa
- ⊡ 893 Dunkelrosa
- ○ 3761 Blaßrosa
- ✚ 334 Blau (Rückstiche Vogelkrallen, Kopf und Körper des kleinen Vogels)
- ● 322 Dunkelblau (Rückstiche Auge des großen und Flügel des kleinen Vogels)
- S 471 Grün (Rückstiche Baum und Boden)
- ↓ 912 Blaugrün
- I 3756 Blaßgrau

Schlafmütze ▲

- ◆ 444 Gelb
- ↓ 680 Ocker
- ○ 948 Fleischfarben
- ● 899 Rosa
- ⊡ 3761 Blaßblau
- I 807 Blau
- △ 644 Steingrau
- ✚ 413 Dunkelgrau

Rückstiche: Blau plus 2 zusätzliche Farben

Rosenkavalier ◄

- ↑ Weiß (Steppstiche, Kragen und Pumphosen: Grün; Knabenhemd: Blau)
- I 834 Strohgelb
- S 948 Fleischfarben
- ◣ 605 Blaßrosa
- ⊡ 3731 Rosa
- ● 602 Dunkel Rosa
- ✚ 892 Rot
- ○ 3766 Hellblau
- △ 799 Blau
- ◺ 3348 Leuchtendgrün
- ◆ 471 Grün
- ↓ 3011 Braun

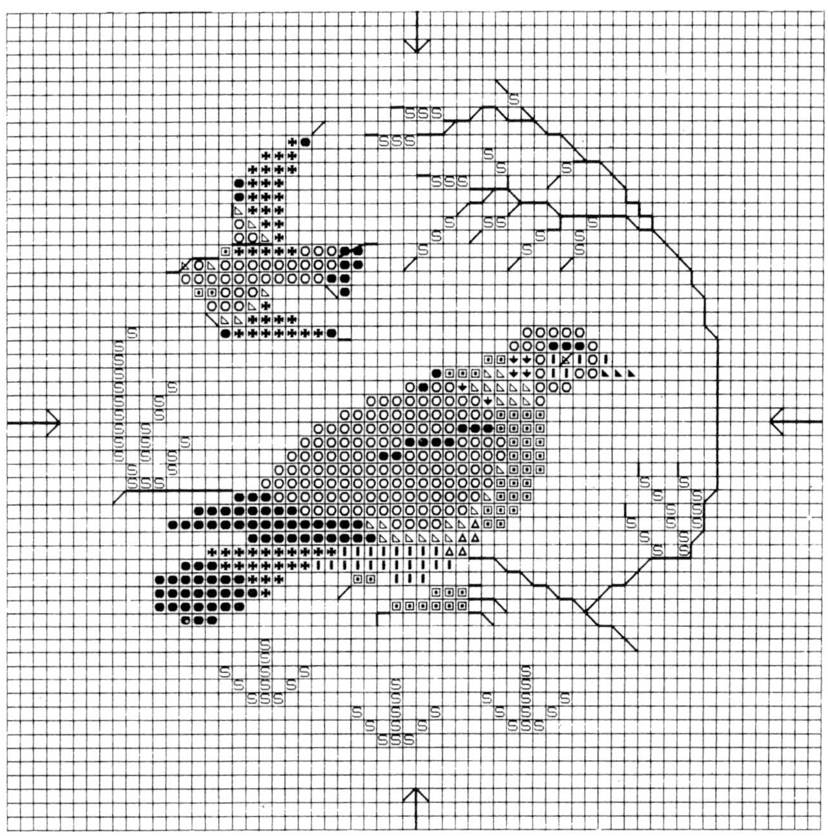

Originelle Lesezeichen

Leseratten werden an diesen Buchzeichen Gefallen finden. Alle Motive sind mit Spitze oder Bogenkanten eingefaßt und mit Bändchen, Stickereirosetten oder einer kleinen Baumwollquaste verziert.

Rasch und einfach anzufertigen, ist ein solches Lesezeichen eine liebenswertes kleines Mitbringsel für einen Kranken und gewiß eine willkommene Abwechslung für die üblichen Blumen oder Früchte.

Die beiden Motive mit den kleinen Mädchen sind auf vorgefertigte Lesezeichen gestickt, das Lesezeichen mit den beiden Elstern auf ein Stickband mit Bogenkante und von Hand fertiggestellt.

Buchzeichen werden zwangsläufig stark beansprucht und wirken bald abgegriffen; ratsam wäre es deshalb, die Stickerei mit einem handelsüblichen schmutzabweisenden Mittel einzusprühen.

Originelle Lesezeichen

Material

Lesezeichen „Lieschens Kanarienvogel“ und „Mädchen mit Schutenhut“, Länge ca. 25 cm:

je 1 vorgefertigtes Lesezeichen mit Spitzenbesatz, cremefarben, ca. 70 Stiche/10 cm, Breite 5 cm
Sticktwist in den in der Tabelle angeführten Farben
Sticknadel Nr. 26

Lesezeichen „Elstern“:

23 cm weißes Stickband, Breite 5 cm, ca. 60 Stiche/10 cm
Sticktwist in den in der Tabelle angeführten Farben
Sticknadel Nr. 24
Passendes Nähgarn

Sticken

Den Anleitungen auf Seite 5 entsprechend Lesezeichen und Stickband „anstückeln“, die Mittellinien der Motive mit Heftstichen markieren und den Stoff in einen kleinen Rundrahmen spannen. Sticken Sie alle drei Lesezeichen mit zwei Fäden in der Nadel.
Die Heftfäden herausziehen und – falls erforderlich – die Stickarbeit von links dämpfen.

Fertigstellen

Lesezeichen „Elstern“:
Nähen Sie am oberen Rand ein passendes Stück Bogenkante als Saum an.
Für die Spitze am unteren Ende das Stickband der Länge nach rechts auf rechts falten und die unteren Schmalkanten mit Steppstichen zusammennähen. Die Ecke zurückschneiden, die Naht auseinanderbügeln und das bestickte Band auf die rechte Seite drehen. Das Lesezeichen glattstreichen und die so entstandene Spitze von links bügeln und mit Hohlstichen fixieren. Für die Quaste gewöhnliches weißes Heftgarn um ein etwa 3 cm breites Stück Karton wickeln. Das Fadenende in eine Nadel fädeln, den Fadenstrang vom Pappdeckel schieben und den losen Faden dicht am oberen Ende mehrmals fest um den Strang wickeln. Die Nadel durch die Wicklung hindurch nach oben durch das Quasten-„Köpfchen“ stechen, die Quaste an der Lesezeichenspitze festnähen und den Fadenstrang am unteren Ende aufschneiden.

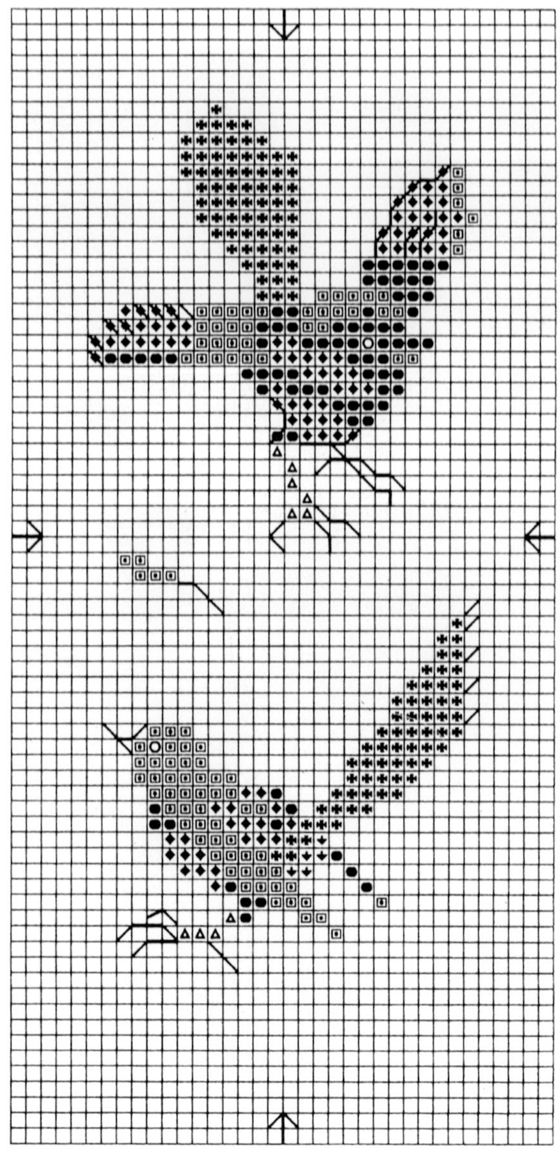

Elstern ▶

Symbol	Nr.	Farbe
◆		Weiß
○	472	Gold
⊡	312	Blau
●	823	Dunkelblau
△	3052	Olivgrün
↓	937	Grün
✚	904	Dunkelgrün

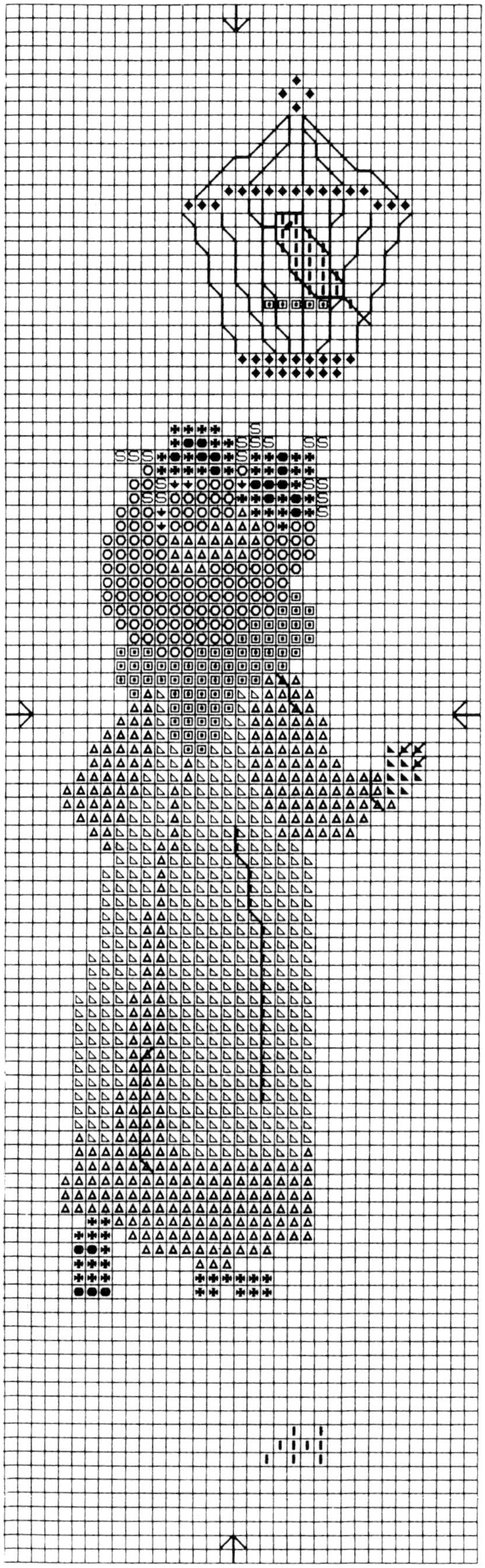

Lieschens Kanarienvogel ◀

- ◣ 948 Fleischfarben
- I 445 Blaßgelb
- ◺ 727 Gelb
- ↓ 783 Orange
- ○ 833 Ocker
- ✚ 3326 Rosa
- ● 335 Dunkelrosa
- △ 794 Blau
- S 913 Grün
- ◆ 988 Dunkelgrün
- ⊡ 3011 Dunkelbraun

Rückstiche: Rosa, Ocker, Dunkelgrün

Mädchen mit Schutenhut ▶

- ◣ Weiß
- I 948 Fleischfarben
- ✚ 968 Rosa
- ○ 3766 Meergrün
- ● 931 Blaugrün, dunkel
- ◆ 738 Strohgelb
- ↓ 435 Braun
- △ 612 Gelbbraun
- ⊡ 611 Dunkelbraun

Rückstiche: Meergrün, Blaugrün, dunkel plus 1 zusätzliche Farbe

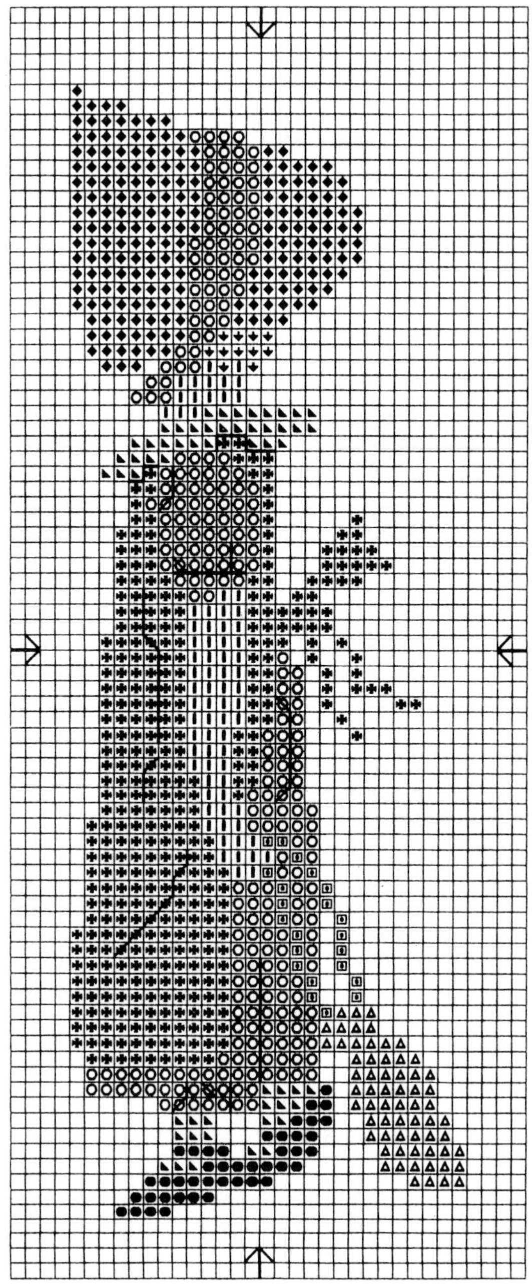

Babykorb-Decke

Von diesem ebenso hübschen wie praktischen Henkelkorb für allerlei Baby-Kleinkram werden junge Mütter sehr angetan sein. Die mit Bändern befestigte Decke kann zum Waschen abgenommen werden, und mit dem Heranwachsen des Kindes dient dann der Korb vielleicht als Spielzeug- und später als Einkaufskorb. Die Maße gelten für einen Korb von etwa 29 x 42 cm (Korbrand), lassen sich aber ohne weiteres verändern.

Ebenso gut würde die Decke sich auch als Stubenwagendecke eignen. Messen Sie den Babykorb genau aus, schneiden Sie den Stoff am Kopfende gerade ab und besetzen Sie nur die Längsseiten und das bogenförmige Fußende mit Rüschen. Futterstoff und Wattierung könnten in diesem Fall auch in einem Stück geschnitten und die Bänder weggelassen werden, so daß sich die Decke weich um das Kleine schmiegt.

Babykorb mit Rüschen

Material

Für eine Korbdecke ca. 33 cm x 46 cm, einschließlich Rüsche (3 cm breit):

33 cm x 46 cm weißer, quadratisch gewebter Baumwollstoff oder Leinen, ca. 64 Fäden/10 cm
33 cm x 46 cm weißer Baumwollbatist zum Abfüttern
1,60 m geraffte weiße Stickerei-Rüsche, 4 cm breit
1,40 m weißes Taftband, 2,5 cm breit
28 cm x 40 cm mittelstarke Synthetic-Wattierung
Sticktwist in den in der Tabelle angeführten Farben
Sticknadel Nr. 24
Passendes Nähgarn
Babykorb nach Wahl
Transparentpapier

Zuschneiden

Übertragen Sie zunächst das nebenstehende Schnittmuster in entsprechender Vergrößerung auf Transparentpapier (siehe Seite 6), markieren Sie die Orientierungslinien für die Stickmotive und schneiden Sie den Bogen aus.
Als nächstes die beiden Mittellinien der Länge und Breite nach in den Stoff heften, das Schnittmuster fadengerade und in Übereinstimmung mit den Orientierungslinien auflegen und um die abgerundeten Ecken einen Heftfaden ziehen. Das Schnittmuster umschlagen und mit der zweiten Stoffhälfte ebenso verfahren. Die Orientierungslinien für die beiden Stickmotive dem Schnittmuster entsprechend markieren.
Wattierung und Futterstoff gleichfalls nach dem Schnittmuster zuschneiden. Bei den Futterstoffteilen rundherum und bei der Wattierung nur an den abgerundeten Ecken 12 mm für die Naht zugeben.

Sticken

Den vorbereiteten Stoff in einen Stickrahmen spannen. Sticken Sie nach dem Zählmuster, die Kreuzstiche zweifädig, die Rückstiche einfädig.
Die Stickerei von links dämpfen und mit einer Rundum-Nahtzugabe von 12 mm ausschneiden.

Fertigstellen

Die fertige Stickerei-Rüsche entlang den Außenkanten rechts auf rechts auf den Oberstoff heften und dabei an den beiden Längsseiten eine 3 cm breite Lücke für den Korbhenkel lassen. Auf diese Weise kann sich die Decke gefällig um den Henkel legen und läßt sich auf beiden Seiten getrennt zurückschlagen. Die Schmalseiten der Rüsche zweimal einschlagen und absteppen. Den Oberstoff und die beiden Futterstoffteile rechts auf rechts legen und die Wattierung auflegen. Die drei Lagen heften und entlang den Außenkanten zusammensteppen. Die Wattierung bis dicht an die Naht zurückschneiden, die Nahtzugaben an den Rundungen einknipsen und die Decke auf die rechte Seite wenden. Nun die geraden Kanten der beiden Futterteile nach innen schlagen (soweit erforderlich, einige Stiche der äußeren Naht auftrennen), heften und absteppen.
Das Taftband in zwei Teile schneiden, die Mitte der beiden Hälften markieren und die Bänder in den „Korbhenkel-Lücken" an der Markierung auf die Nahtzugabe aufnähen. Sämtliche Heftfäden herausziehen und abschließend mit dem Bügeleisen vorsichtig über die Decke streichen.

Babykorb-Decke
1 Quadrat = 2,5 cm

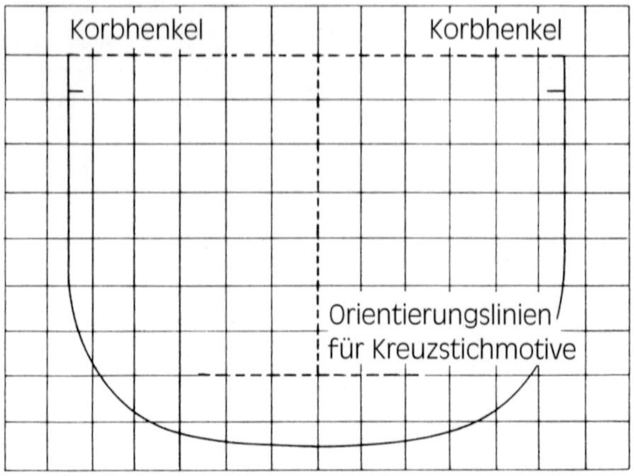

Wattierung: zweimal zuschneiden
Futterstoff: zweimal zuschneiden
Oberstoff: An der gestrichelten Umbruchlinie falten und einmal zuschneiden

◀ Schwalbe

- ◆ 3047 Creme
- ◣ 3078 Blaßgelb (Rückstiche: Gelb)
- ↓ 725 Gelb (Rückstiche: Blaßblau)
- ○ 745 Fleischfarben (Rückstiche Augen: Blaßblau; Schnabel: Zinnoberrot)
- ⊡ 602 Dunkelrosa (Rückstiche: Dunkelblau)
- ✚ 350 Zinnoberrot
- I 798 Blaßblau (Rückstiche: Blau)
- △ 824 Blau
- ● 336 Dunkelblau

Schmetterling ▶

- ○ 3078 Blaßgelb (Rückstiche Adern: Gelb)
- ◆ 725 Gelb (Rückstiche: Zinnoberrot)
- ⊡ 602 Dunkelrosa
- ✚ 350 Zinnoberrot
- ↓ 3747 Blaßblau
- ● 824 Blau (Rückstiche Fühler)
- △ 676 Braungelb, dunkel (Rückstiche: Zinnoberrot)

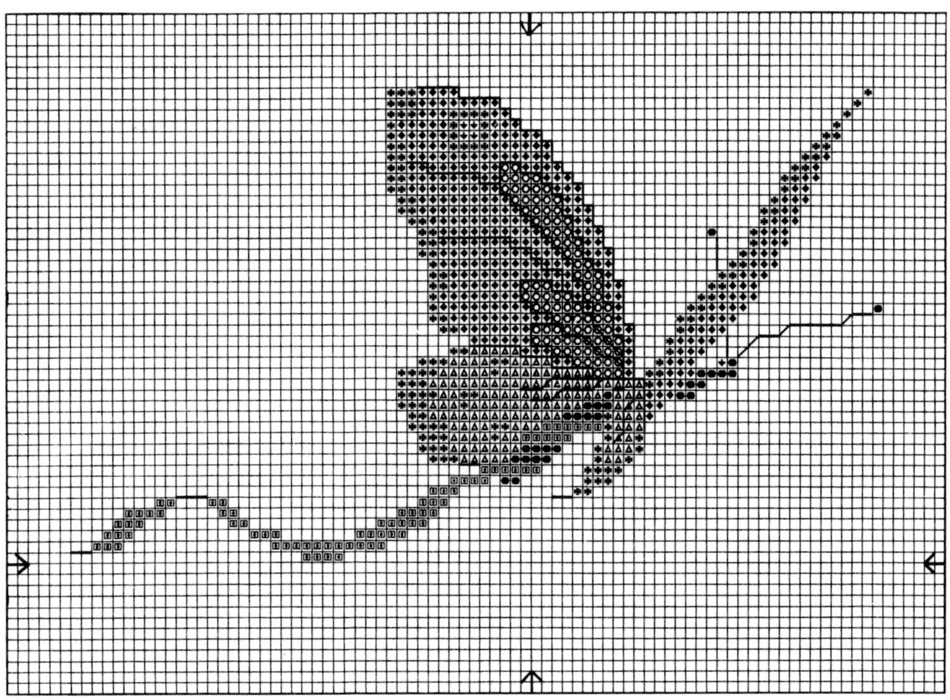

Stofftiere für das Baby

Diese auf einer Seite bunt bestickten Stofftiere sind gerade so groß, daß winzige Händchen sie greifen können. Sie sind leicht zu nähen und mit weichem, flauschigem Material ausgestopft. Und wenn das Kleine nicht gerade damit spielt, kann man das Tierchen an seiner Schlaufe neben dem Stubenwagen aufhängen.

Stofftiere für das Baby

Material

Für 3 Stofftierchen, ca. 13 cm x 9 cm:

6 Stücke weißer Hardanger-Stoff, 87 Gewebefäden/10 cm, je 18 cm x 13 cm (2 Teile je Tier)
90 cm weißes Satinband, 6 mm breit
Sticktwist in den in der Tabelle angeführten Farben
Sticknadel Nr. 26
Passendes Nähgarn
Weiches Synthetic-Füllmaterial zum Ausstopfen
3 Stücke Karton (leere Cornflakes-Packung o.ä.) à 15 cm x 10 cm
Transparentpapier

Sticken

Alle drei Stofftiere werden auf dieselbe Weise gestickt und fertiggestellt. Bereiten Sie den Anleitungen auf Seite 5 entsprechend für jedes Tierchen ein Stück Stoff vor und spannen Sie es in einen Stickrahmen. Arbeiten Sie mit zwei Fäden in der Nadel nach dem Zählmuster und sticken Sie jeden Kreuzstich über zwei Gewebefäden. Falls erforderlich, die Stickarbeit von links dämpfen.

Fertigstellen

Pausen Sie die Umrisse jedes Stofftierchens durch, übertragen Sie sie auf den Karton und markieren Sie die Position der Pfeile. Die Schablone ausschneiden und so auf die linke Seite der Stickerei auflegen, daß Orientierungslinien und Pfeile übereinstimmen. Anschließend die Konturen der Schablone mit Bleistift auf dem Stoff nachziehen.

Zeichnen Sie im Abstand von 6 mm zur Bleistiftlinie (Nahtlinie) eine zweite Linie (Schnittlinie). Die Figur in diesem Stadium aber noch nicht ausschneiden; der Stoff franst während des Nähens leicht aus, deshalb sollte man am besten zunächst die Näharbeiten beenden.

Schneiden Sie das Band in drei gleich lange Teile; zwei Abschnitte beiseite legen und den dritten in der Mitte falten. Die unbestickte Rückseite des Tieres und das Stickbild rechts auf rechts legen und die Bandschlaufe so zwischen beide Lagen schieben, daß ihre Schnittenden an den Schnittkanten des Stoffes knapp überstehen (siehe Markierung im Zählmuster).

Nun beide Stoffteile zusammenstecken und zwischen den beiden markierten Umrißlinien heften. Mit der Maschine oder von Hand die beiden Teile entlang der Nahtlinie zusammennähen und an der im Zählmuster markierten Stelle einen kleinen Schlitz offenlassen.

Schneiden Sie nun entlang der äußeren Bleistiftlinie die Figur aus und kerben Sie die Nahtzugabe an den Rundungen ein – aber vorsichtig, damit Sie nicht in die Naht schneiden. Die Heftfäden herausziehen, die Hülle auf die rechte Seite drehen, dämpfen und die Naht mit den Fingern glattstreichen.

Abschließend das Stofftier ausstopfen und dabei an schwer zugänglichen Stellen, beispielsweise den Katzenohren, mit einer Stricknadel nachhelfen. Nach dem Ausstopfen die Schlitzkanten nach innen kippen und die Öffnung mit Hohlstichen verschließen.

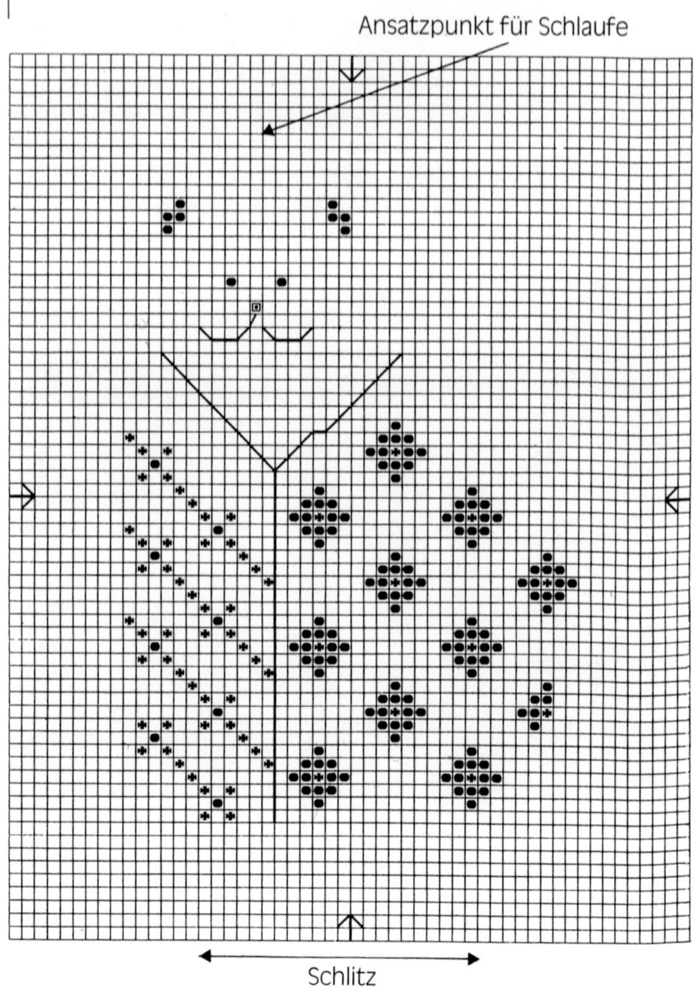

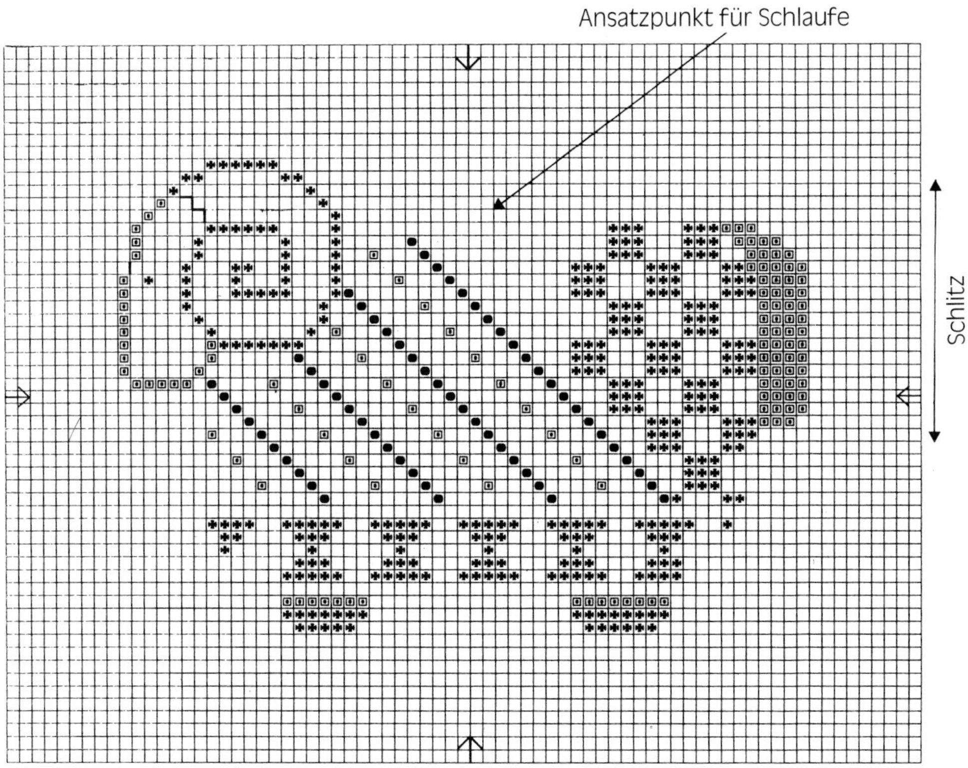

Schafbock ◀

- ⊡ 504 Ecru
- ● 3733 Rot
- ✚ 597 Meergrün (auch Rückstiche Hörner)

Teddy ▶

- ⊡ 744 Gelb
- ● 833 Ocker (auch Rückstiche Nase und Schnauze)
- ✚ 581 Olivgrün (auch Rück stiche Hemd und Hose)

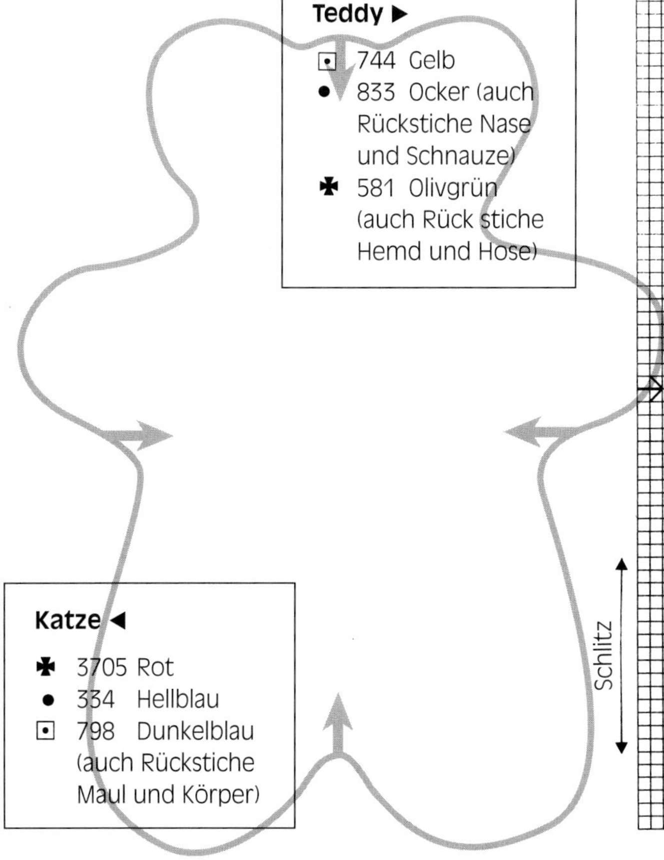

Katze ◀

- ✚ 3705 Rot
- ● 334 Hellblau
- ⊡ 798 Dunkelblau (auch Rückstiche Maul und Körper)

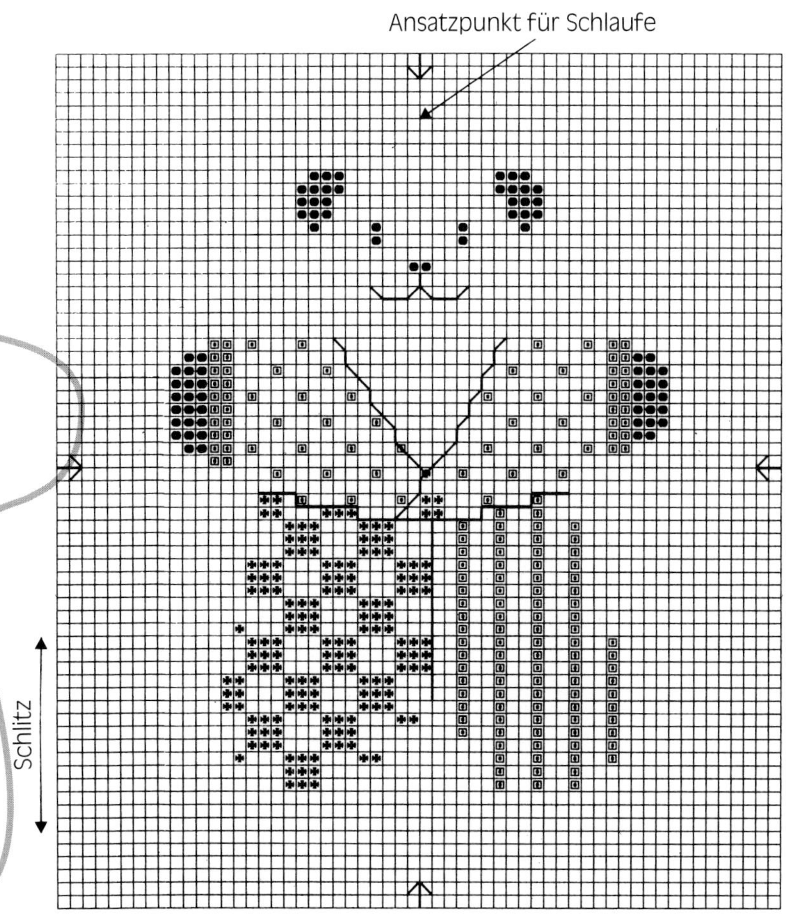

Bären von Anno dazumal

Für Teddybären zeigt die Popularitätskurve anscheinend nie nach unten – weder in ihrer angestammten Gestalt noch als Stickmotiv. Und das mit Recht. Unser bezauberndes Trio ist in gedämpften Farbtönen gestickt, um ihm dieses heißgeliebte abgewetzte Aussehen zu verleihen, das Bären nun einmal haben. Ein hervorragendes Geschenk, das Sie am Ende vielleicht selber behalten wollen!

Bären von Anno dazumal

Material

Für jeden Bären:

10 x 10 cm antikweißer Fein-Aida-Stoff (ca. 70 Fäden/10 cm)
Sticktwist in den in der Tabelle angeführten Farben
Sticknadel Nr. 26

Flickenbär:

Schmuckdose aus mattiertem Glas, 6,5 cm Durchmesser (siehe Bezugsquellen)

Gartenbär:

Ovale Porzellandose, elfenbeinfarben
7 x 5 cm (siehe Bezugsquellen)

Bär mit Herz:

Cremefarbene Karte, 8,5 x 6 cm (siehe Bezugsquellen)

Sticken

Den Stoff für den jeweiligen Bären vorbereiten, die Mitte mit waagerechten und senkrechten Heftstichlinien markieren (siehe Seite 4). Wenn Sie alle drei Motive sticken, nehmen Sie dazu am besten ein großes Stück Stoff, unterteilen es mit Heftstichlinien in drei Flächen und markieren jeweils die Mitte wie angegeben.
Für alle drei Motive wird ein Faden Sticktwist in der Nadel verwendet. Alle Kreuzstiche zuerst ausführen, wobei die Deckstiche alle in derselben Richtung verlaufen, und dann die Rückstich-Details sticken.
Falls nötig, fertige Stickerei waschen und vorsichtig von links dämpfen. Heftfäden noch nicht entfernen.

Fertigstellen

Zur Fertigstellung von Schmuckdose und ovaler Porzellandose den Anleitungen des Herstellers folgen. In beiden Fällen die mitgelieferte Schablone verwenden, um den Umriß auf dem Stoff anzuzeichnen, wobei die Heftstichlinien Ihnen helfen, das Motiv zu zentrieren. Stoff zurechtschneiden und Heftfäden entfernen. Stickerei in den Deckel einsetzen wie angegeben.
Für die Karte die Stickerei so zuschneiden, daß sie rundum ca. 12 mm über das Fenster übersteht. Dabei mit Hilfe der Heftstichlinien das Motiv zentrieren. Heftfäden entfernen, Stickerei hinter das Fenster setzen und Karte verschließen.

	Flickenbär ▶	DMC	ANCHOR	MADEIRA
■	Sehr dunkles Braun	3031	905	2003
●	Mittleres Hellbraun	435	369	2010
T	Helles Hellbraun	347	943	1910
I	Goldenes Hellbraun, blaß	738	361	2013
•	Goldenes Hellbraun, sehr blaß	739	366	2014
P	Mittleres Lachsrosa	761	8	0404
U	Helles Muschelrosa	3713	48	0502
M	Mittleres Zartlila	544	97	0711
B	Mittleres Antikblau	932	920	1710

Rückstiche: Körper und Gesichtszüge in sehr dunklem Braun

	Gartenbär ▶	DMC	ANCHOR	MADEIRA
	Sehr dunkles Braun*	3031	905	2003
P	Mittleres Lachsrosa	761	8	0404
U	Helles Muschelrosa	3713	48	0502
B	Mittleres Antikblau	932	920	1710
▲	Dunkles Goldbraun	610	889	2119
X	Helles Goldbraun	612	832	2108
O	Sehr helles Goldbraun	613	831	2109
–	Blaßcreme	712	926	2101
/	Sehr blasses Graugrün	524	858	1511
N	Mittleres Graugrün	522	860	1513
C	Mittelblau	3752	343	1710

Rückstiche: Körper und Gesichtszüge in sehr dunklem Braun* (nur für Rückstiche) und die Blumenstiele in mittlerem Graugrün

	Bär mit Herz ▶	DMC	ANCHOR	MADEIRA
	Sehr dunkles Braun*	3031	905	2003
P	Mittleres Lachsrosa	761	8	0404
U	Helles Muschelrosa	3713	48	0502
B	Mittleres Antikblau	932	920	1710
\	Blasses Silbergrau	762	397	1804
◢	Dunkles Beigebraun	839	380	1913
R	Mittleres Beigebraun	840	354	1912
S	Helles Beigebraun	841	378	1911
V	Sehr helles Beigebraun	842	376	1910

Rückstiche: Körper und Gesichtszüge in sehr dunklem Braun* (nur für Rückstiche)

Getränketablett

Mit einem Motiv von heiterer Unbeschwertheit bestickt, ist dieses reizende, ovale Getränketablett gewiß ein nicht alltägliches Geschenk auf dem Weihnachts- oder Geburtstagstisch oder dem Gabentisch eines jungen Brautpaares. Ist Ihnen das hübsche Stickbild zu schade, um von Gläsern oder Tassen verdeckt zu werden, könnten Sie es auch in einen ovalen Bilderrahmen setzen und als Hintergrund eventuell einen farbigen Stickgrund wählen.

Fröhliches Spiel ▲

Symbol	Nr.	Farbe
◓		Weiß
÷	832	Gold
↑	225	Fleischfarben
✚	3354	Rosa
●	3350	Dunkelrosa
=	598	Blau
◆	733	Olivgrün
↓	731	Olivgrün, dunkel
S	422	Lederfarben
⊡	831	Braun
I	926	Graublau
◣	924	Graublau, dunkel
○	3024	Hellgrau
△	535	Dunkelgrau

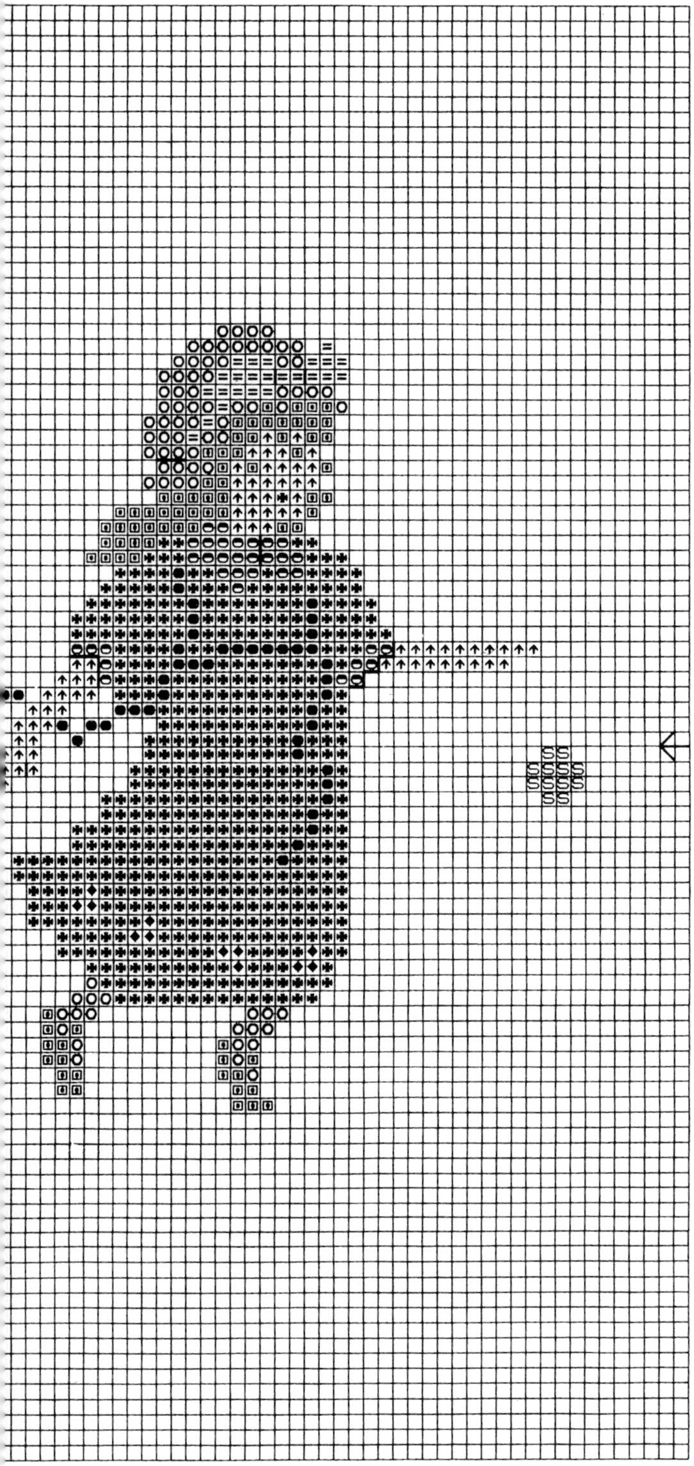

Getränketablett

Material

Für ein Tablett 33 cm x 20,5 cm, mit ovalem Ausschnitt 28,5 cm x 16 cm:

40 cm x 30 cm cremefarbener Stern-Aida-Stoff,
ca. 54 Gewebefäden/10 cm
Sticktwist in den in der Tabelle angeführten Farben
Sticknadel Nr. 24
33 cm x 20,5 cm dünne Vlieseline zum Aufbügeln
Ovales Holztablett

Sticken

Den Anleitungen auf Seite 5 entsprechend den Stoff vorbereiten und in einen Stickrahmen spannen. Anschließend das Motiv nach dem Zählmuster und mit zwei Fäden in der Nadel sticken. Die Stickerei aus dem Rahmen nehmen und – falls erforderlich – von links dämpfen. Die Heftfäden vorerst noch nicht herausziehen.

Fertigstellen

Mit einem weichen Bleistift auf dem Montagekarton, der dem Tablett beiliegt, die Mittellinien markieren.
Das Stickbild mit der rechten Seite nach unten auf einer sauberen Unterlage ausbreiten, den Karton so darauf legen, daß Bleistift- und Heftlinien übereinstimmen und mit dem Bleistift die Umrißlinie nachziehen. Die Heftfäden herausziehen, die Stickerei sorgfältig ausschneiden und die Vlieseline auf die Rückseite aufbügeln. Sie können aber auch den Stoff mit einer Rundumzugabe von 4 cm ausschneiden und im Abstand von 12 mm zur Bleistiftlinie einen Reihfaden einziehen. Den Karton auflegen, den Stoff gleichmäßig zusammenziehen und die Kanten auf der Rückseite entweder in beiden Richtungen im Zickzackverband schnüren oder mit Klebeband fixieren.
Den Hinweisen des Herstellers folgend das Tablett montieren.

Rotkäppchen und der böse Wolf

Ein ideales Accessoire für das Zimmer eines jungen Mädchens oder eines Gästeraums ist diese Ablage mit dem entzückenden Stickmotiv „Rotkäppchen und der böse Wolf"
Andererseits läßt die Stimmung des winterlichen Bilds mit den kahlen Ästen und dem aus dem Schornstein aufsteigenden Rauch auch an eine außergewöhnliche Weihnachtskarte denken, die später gerahmt und aufgehängt werden kann.

Rotkäppchen ▲

H Weiß (Rückstich 597)
◇ 726 Gelb
◺ 833 Hellgold
× 729 Gold
↓ 977 Orange
= 782 Dunkelorange
÷ 948 Fleischfarben
⊡ 233 Rosa
I 3328 Hellrot
✚ 347 Rot (Rückstich 869)
II 747 Blaßblau (Rückstich 597)
◣ 597 Türkis (als Rückstich Rauc[h] Rückstich 869)

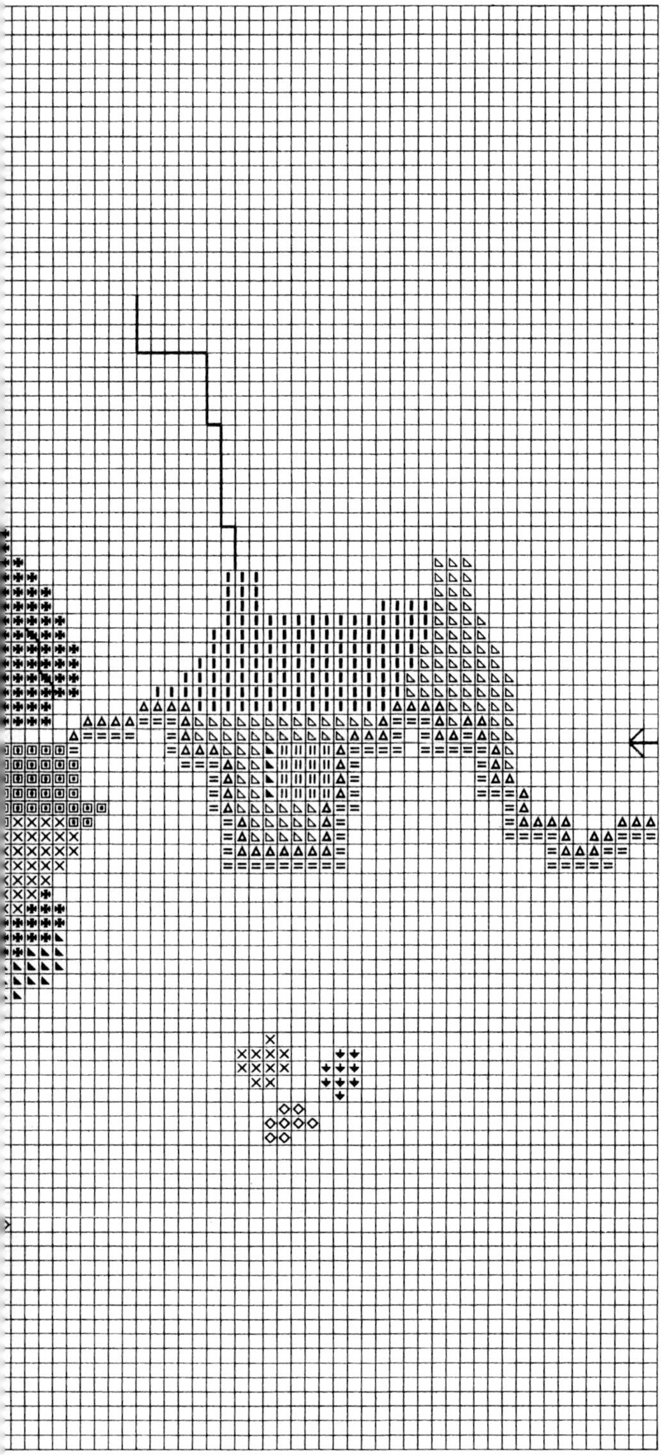

▬ 471 Grün (Rückstich 3052)	○ 869 Braun
S 3052 Schlammgrün	△ 3013 Gelbgrau
◆ 371 Hellbraun (Rückstich 413)	● 413 Dunkelgrau

Rotkäppchen und der böse Wolf

Material

Für eine rechteckige Ablage 23 x 30 cm mit ovalem Ausschnitt 18 x 25 cm:

38 x 30 cm hellgrauer Stern-Aida-Stoff, ca. 54 Fäden/10 cm
Sticktwist in den angegebenen Farben
Sticknadel Nr. 24
Ablage aus Holz (Framecraft)

Sticken

Die Mittellinien mit Heftfaden markieren, den Stoff vorbereiten und in einen Rahmen spannen. Mit zwei Fäden in der Nadel nach dem Zählmuster arbeiten. Zuletzt die Rückstich-Details aufsticken.
Das fertige Bild aus dem Rahmen nehmen und – falls erforderlich – von links dämpfen.

Fertigstellen

Wenn der Zwischenraum wie bei dieser Ablage tief genug ist, kann das Stickbild über den meist beiliegenden Karton gespannt werden. Dadurch müssen Sie den Stoff nicht zu knapp an der Stickerei abschneiden.
Damit der Karton genau mittig auf der Stickerei liegt, markieren Sie zuerst mit einem weichen Bleistift die Mittellinien. Die Stickerei mit der rechten Seite nach unten ausbreiten und den Karton so darauf legen, daß Bleistift- und Heftlinien übereinstimmen.
Den Stoff an den Ecken diagonal umschlagen und mit Klebeband fixieren. Nun auch die Kanten an den jeweils gegenüberliegenden Seiten nach hinten umlegen und mit Klebeband fixieren (s. Anleitung Seite 7). Überprüfen Sie, ob die Stickerei tatsächlich mittig sitzt; wenn nicht, lösen Sie einfach die Klebebänder und korrigieren die Lage. Anschließend die diagonalen Eckkanten gleichfalls mit Klebeband verkleben und nach Anleitung des Herstellers die aufgezogene Stickerei in die Ablage einpassen.

Märchenhafte Zierkissen

Volkstümliche Märchen und Sagen
von verlorener und gewonnener Liebe
haben in diese romantischen Zierkissen
Eingang gefunden.
Besonders hübsch ist eine Kombination
mit spitzenbesetzten Kissen.

Märchenhafte Zierkissen

Material

Für drei Kissenbezüge 27,5 x 27,5 cm:

Jeweils 35 x 35 cm lindgrüner, rosa- und cremefarbener Stern-Aida-Stoff, ca. 54 Fäden/10 cm
Jeweils 30 x 30 cm passender oder kontrastierender Stoff für die Rückseite
Sticktwist in den in der Tabelle angeführten Farben
3 Kissen, 30 x 30 cm
28 weiße Perlchen für das Motiv mit dem „Schweinehirten"
Sticknadel Nr. 24 und Nähnadel Nr. 9
Passendes Nähgarn

Sticken

Alle drei Kissen werden gleich angefertigt. Zunächst spannen Sie den Stoff nach der Anleitung auf Seite 5 in einen Rahmen und markieren die senkrechte und die waagerechte Mittellinie mit Heftfaden.
Gestickt wird nach dem Zählmuster mit zwei Fäden in der Nadel. Dasselbe gilt für die Rückstiche, mit Ausnahme folgender Details, die einfädig angelegt sind: „Die Schöne und das Biest" – Zähne und Hauer des Ungeheuers; „Dornröschen" – Gesicht, Hände und Gewand Dornröschens und Gesicht des Prinzen. Die Perlchen rund um das Medaillon mit dem Schweinehirten mit passendem Nähgarn und einer dünnen Sticknadel annähen.
Als letztes wird der Rahmen der Stickerei mit zwei Fäden in der Nadel in Rückstich angefertigt. Die fertige Arbeit aus dem Rahmen nehmen und von links dämpfen. Achten Sie dabei darauf, die Perlen nicht zu sehr zu drücken.

Fertigstellen

Mit den Heftfäden als Orientierungshilfe schneiden Sie die Kanten der Stickerei symmetrisch auf ein Maß von 30 cm Seitenlänge zu. Kissenoberseite und Unterstoff rechts auf rechts zusammenlegen. Mit 12 mm Saum beide Teile heften und zusammensteppen; dabei in der Mitte einer Seite einen 20 cm langen Schlitz offenlassen. Die Ecken zurückschneiden und das Kissen auf die rechte Seite drehen. Das Kissen hineinstecken und die Öffnung mit passendem Nähgarn und Hohlstichen schließen.

Befestigen Sie eine kleine Quaste an jeder Ecke des gestickten Rahmens. Für die Quaste wickeln Sie passendes Stickgarn (6 Fäden) fünf- oder sechsmal um ein etwa 2 cm breites Stück Karton. Einen kurzen, doppelten Faden in eine Nadel einfädeln, die Garnschlaufen vom Karton streifen und nahe an einem Ende mit dem Faden der Nadel mehrmals umwickeln. Die Nadel durch die Schlaufen am oberen Ende führen und den Vorgang wiederholen. Dann den Faden fest anziehen und die Nadel durch die Mitte nach oben durchstechen, so daß die Quaste an der betreffenden Stelle angenäht werden kann. Die Schlaufen unten aufschneiden, Fäden auffächern und gleichmäßig zuschneiden. An jeder Ecke sauber eine Quaste annähen, wie in der Abbildung gezeigt.

Perlen annähen

So nähen Sie kleine Glas- oder Holzperlen an:

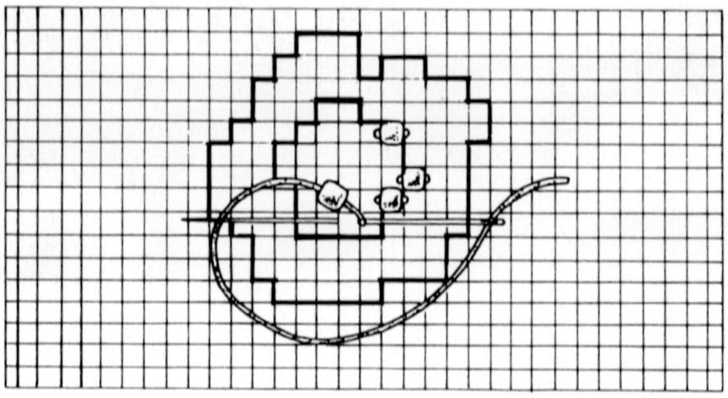

Fassen Sie die Perle auf eine dünne Nähnadel Nr. 9 oder 10 mit Faden oder auf eine Perlenschnur (bei sehr zarten Perlen) auf. Stechen Sie die Nadel wieder durch dasselbe Loch hindurch und machen Sie dann einen Stich von der Breite der Perle (die in diesem Fall der Breite eines Kreuzstichs entspricht). So durchziehen, daß der Faden unter der Nadel liegt. Auf diese Weise das Motiv nach Vorlage fertigstellen.

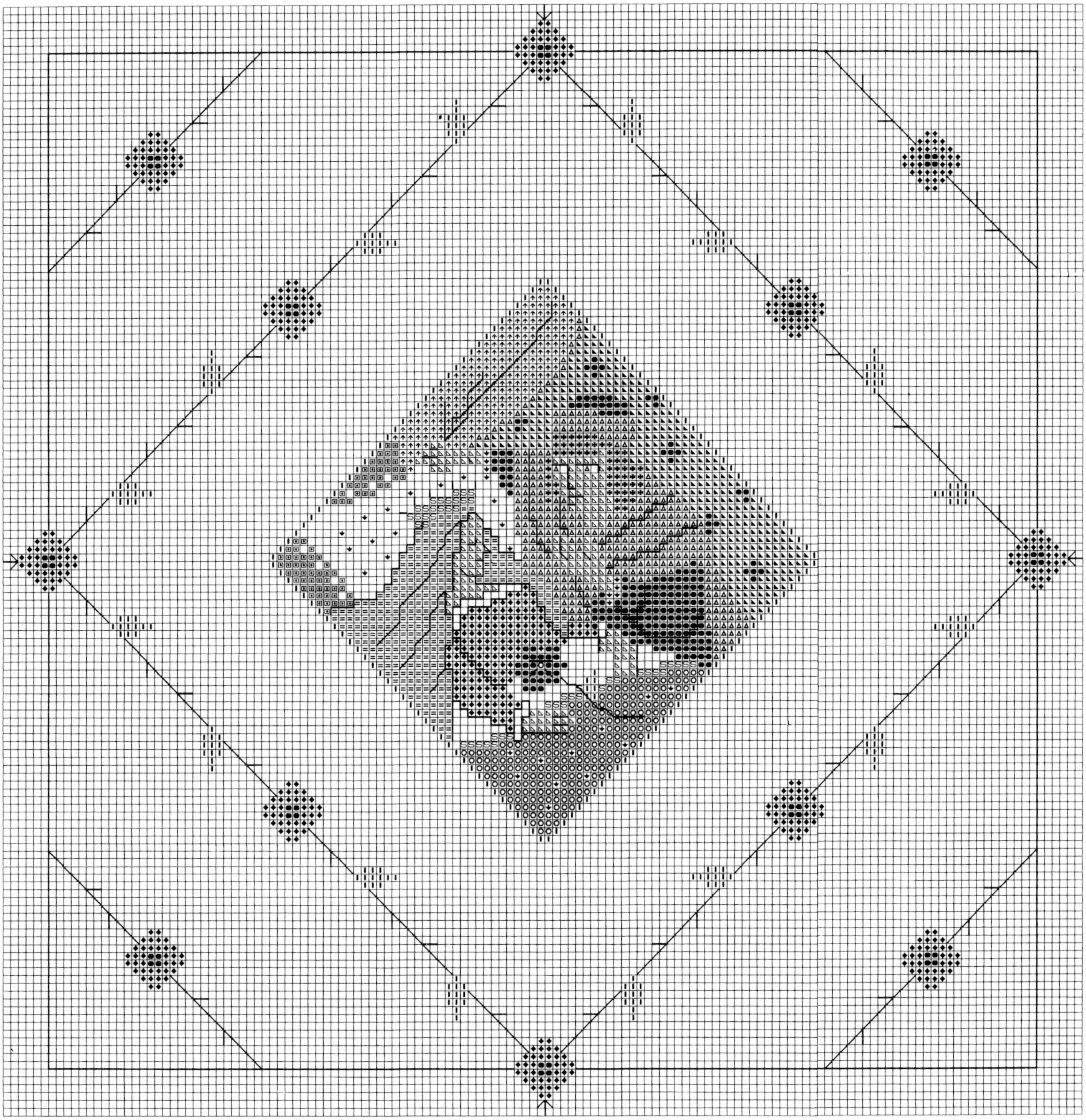

Dornröschen ▲

☐ Weiß
= 3078 Blaßgelb (Rückstich 743)
○ 743 Gelb
S 733 Gold (Rückstich Dornröschens Gesicht und Hände sowie Umrißlinie des Haars)
✦ Goldfaden
◺ 754 Fleischfarben (Rückstich 732 für den Prinzen)
● 351 Rot (Rückstich um Dornröschens Gewand und den Mund beider Personen)
◆ 747 Blaßblau
△ 924 Dunkelblau (Rückstich 504)
↑ 504 Blaßgrün
I 581 Grün (Rahmen und Blätter)
✚ 732 Dunkles Olivgrün (Rückstich für das Gesicht des Prinzen)
◣ 644 Rehbraun
⊡ 613 Hellbraun

Dornröschen

„Endlich kam der Königssohn zu dem Turm und öffnete die Türe zu der kleinen Stube, in welcher Dornröschen schlief. Und er bückte sich und gab ihm einen Kuß. Wie er es mit dem Kuß berührt hatte, schlug Dornröschen die Augen auf."

Der Schweinehirt

Für die Gegenleistung von hundert Küssen schenkt der Schweinehirt der Prinzessin sein Instrument mit klingenden Glöckchen. Deren wunderbare Musik hat das Herz der habgierigen Prinzessin völlig verzaubert.

Die Schöne und das Biest

In Gedanken an ihren Traum war die Schöne in den Garten geeilt, wo sie das arme Tier ohnmächtig und wie tot auf dem Boden ausgestreckt fand. „Biest, du mußt nicht sterben", weinte sie und legte seinen Kopf in ihren Schoß, „ich liebe dich."

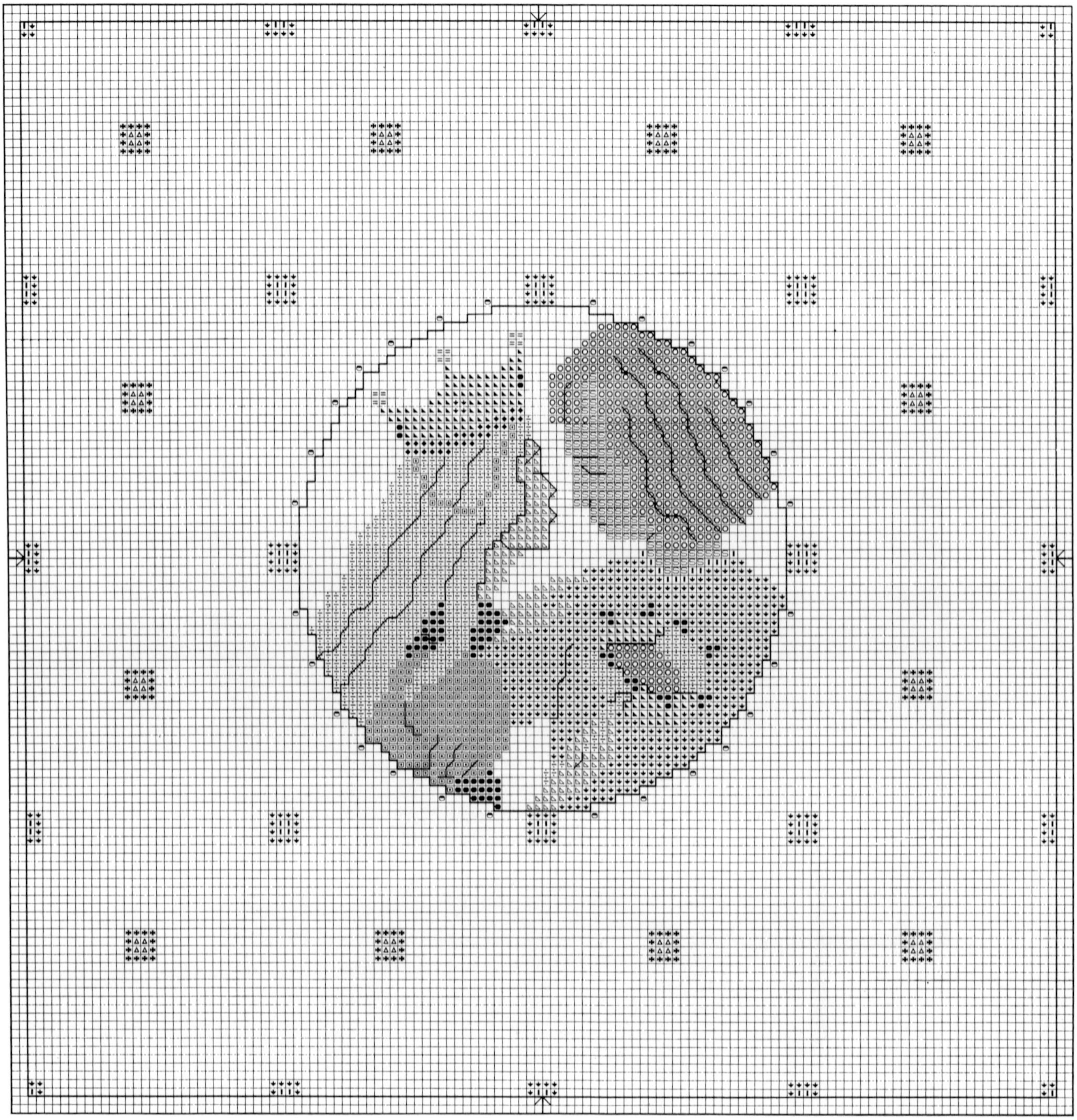

Der Schweinehirt ▲

= Weiß
⬓ Weiße Perlen
○ 834 Blaßgold (Rückstich 680)
÷ 744 Gelb (Rückstich 680)
◆ 680 Gold (Augenbrauen der Prinzessin)
◣ 725 Goldgelb (Rückstich Haarlinie am Gesicht der Prinzessin)
S 3779 Fleischfarben (Rückstich 680)
◺ 963 Blaßrosa (Rückstich 605; Rückstich Auge der Prinzessin 959)
✠ 605 Rosa
⊡ 3706 Pfirsichfarben (Rückstich 603)
● 603 Dunkelrosa
△ 3609 Hellrosa
↓ 959 Lindgrün (Rückstich 3364)
I 3364 Grün (Rückstich Kreislinie und Rahmen der Stickerei)

Die Schöne und das Biest ▼

□ Weiß
÷ 727 Blaßgelb (Rückstich Tuch und Ärmelaufschläge)
◺ 3046 Blaßgold (Rückstich Kleid)
◣ 783 Gelb
↑ 948 Fleischfarben (Rückstich 224)
I 3713 Blaßrosa
✚ 224 Braunrosa
△ 352 Rosa
● 3075 Rot (Rückstich Schnauze; Rückstich 731)
◆ 680 Ingwerfarben (Rückstich um die Feder)
= 747 Blaßblau
S 3053 Salbeigrün
⊡ 731 Dunkles Olivgrün
↓ 3051 Dunkelbraun
○ 3045 Hellbraun (Rückstich 731)

Steppdecke für die Puppenwiege

Einfarbig und mit relativ großen Kreuzstichen gestickt, ist diese Steppdecke für die Puppenwiege leicht anzufertigen. Und mit etwas Hilfe kann sich sogar ein kleines Mädchen an diese Stickerei wagen. Das Motiv ist dem sogenannten Martha-Washington-Stern, einem traditionellen amerikanischen Patchwork-Muster, nachempfunden.

Steppdecke für die Puppenwiege

Material

Für eine Puppen-Steppdecke 41 cm x 25 cm:

46 cm x 30 cm weißes Stickleinen, 80 Gewebefäden/10 cm
43,5 cm x 27,5 cm weißes Leinen, etwas feiner als der Oberstoff, oder Baumwollstoff zum Abfüttern
43,5cm x 27,5 cm leichte Synthetic-Wattierung
3 Stränge roter Sticktwist
Sticknadel Nr. 18
Passendes Nähgarn

Sticken

Den Anleitungen auf Seite 5 entsprechend den Stoff vorbereiten und in einen Stickrahmen spannen. Arbeiten Sie mit drei Fäden in der Nadel nach dem Zählmuster und sticken Sie jeden Kreuzstich über zwei Gewebefäden. Die Stickvorlage gilt für eine Deckenhälfte; Sticken Sie, sobald Sie damit fertig sind, die zweite Hälfte nach derselben Vorlage gegengleich.
Denken Sie daran, daß bei Zählstoffen über die Rückseite laufende Fäden oft auf der rechten Seite durchschimmern. Führen Sie deshalb den Stickfaden nicht von einem Motiv zum anderen, sondern vernähen Sie ihn und fangen Sie an anderer Stelle wieder neu an. Die fertige Stickerei von links dämpfen.

Die Lagen verbinden ...

Den Oberstoff auf 43,5 cm x 27,5 cm zurechtschneiden und mit der rechten Seite nach unten ausbreiten. Die Wattierung auflegen, darüber den Futterstoff ausbreiten und die drei Lagen glattstreichen. Die Lagen feststecken und – von der Mitte nach außen arbeitend – zusammenheften. Auf diese Weise wird das Material in Richtung Außenkanten geglättet, und es entstehen keine unschönen Beulen in der Deckenmitte. Heften Sie die Lagen horizontal, vertikal und diagonal in beide Richtungen, und beginnen Sie dabei immer in der Mitte. Lassen Sie ein langes Fadenende in der Mitte hängen und heften Sie in Richtung einer Kante oder Ecke. Anschließend den in der Mitte hängenden Faden in die Nadel fädeln und in die entgegengesetzte Richtung heften. Bei dieser Methode gibt es in der Mitte keine Knoten.

... und Punkt für Punkt quilten

Setzen Sie – auf der bestickten Seite und mit passendem Nähgarn arbeitend – einen einzelnen Stich überall dort, wo sich zwei Sticklinien kreuzen. Mit der Nadel von unten nach oben durchstechen und den Faden so weit durchziehen, daß an der Unterseite ein ca. 8 cm langes Fadenende übrigbleibt, in der Mitte des Kreuzes einen winzigen Stich machen und wieder auf die linke Seite durchstechen. An derselben Stelle einen zweiten Stich setzen, die beiden Fadenenden ohne allzu heftiges Anziehen auf der linken Seite miteinander verknoten und abschneiden. In den übrigen dafür vorgesehenen Feldern ebenso verfahren.

Kanten versäubern

Die Wattierung rundum an den Kanten 12 mm zurückschneiden. Die Saumzugaben von Ober- und Unterstoff so nach innen kippen, daß der Umschlag des Oberstoffes die Schnittkante der Wattierung überdeckt, heften und mit Hohlstichen zusammennähen. Des originalgetreuen Aussehens wegen sollten Sie den Rand der Steppdecke mit einer Doppelreihe von Handstichen durchnähen – die erste Reihe im Abstand von zwei und die zweite Reihe im Abstand von acht Gewebefäden zur Kante, dicht neben der gestickten Borte.
Die Heftfäden herausziehen und die Decke, falls erforderlich, leicht dämpfen.

Handquilten

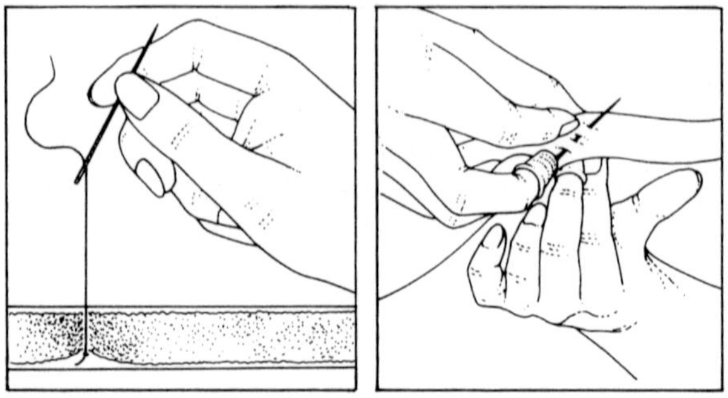

1 In einem Rahmen bleibt der Stoff gleichmäßig gespannt, und damit wird der Randwulst gleichmäßig und füllig. Arbeiten Sie mit dem für das Quilten geeigneten „Werkzeug" (Spezialnadel und -faden) und machen Sie in den ziemlich kurzen Faden einen Knoten; er wird durch den Unterstoff gezogen und verschwindet in der Wattierung.
2 Machen Sie, den Mittelfinger der „Nähhand" mit einem Fingerhut geschützt, mehrere Stiche und drücken Sie dabei mit dem Daumen unmittelbar vor

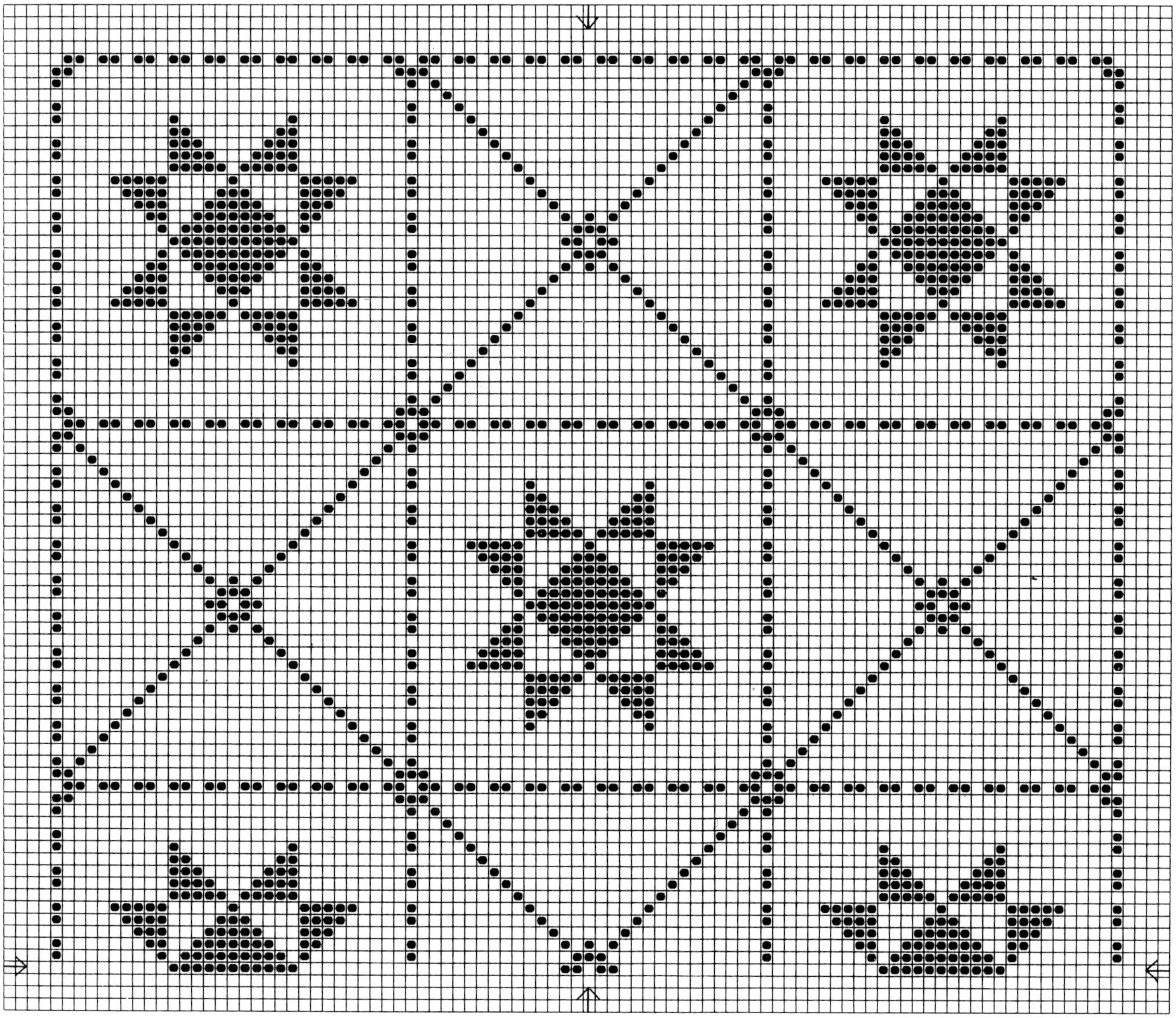

der Nadel kräftig auf den Stoff. Die untere Hand, auf deren Zeige- oder Mittelfinger gleichfalls ein Fingerhut sitzt, „tastet“ die Nadel und führt sie durch die Stofflagen hindurch wieder nach oben.

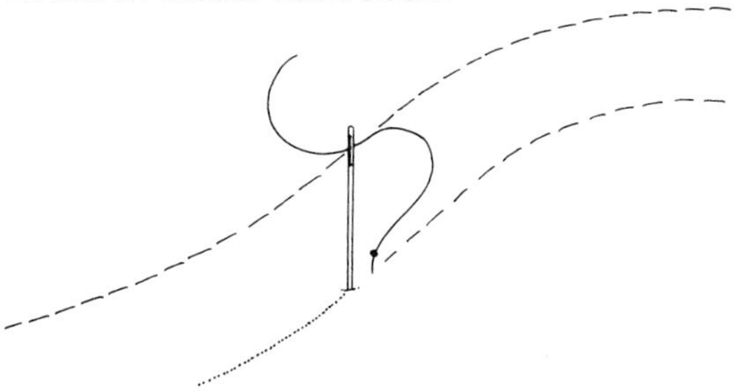

3 Den Abschluß bilden einige Rückstiche oder ein Knoten dicht am letzten Stich. Den Faden soweit zur Unterseite durchziehen, bis der Knoten in der Wattierung verschwindet, und dann abschneiden.

Steppdecke ▲

● 666 Rot

Die zweite Hälfte des Motivs ab der Mittellinie gegengleich nach demselben Zählmuster sticken.

Sitz- und Rückenpolster

Die Geschichte von den drei Bären ist ein hübsches Motiv für das Sitzkissen und Rückenpolster eines Kinderstühlchens. Das Rückenpolster wird angebunden und hat an der Rückseite eine tiefe Tasche zum Aufbewahren wohlgehüteter Schätze und heißgeliebter Kuscheltiere. Um Aida-Stoff zu sparen, könnten Sie für die Kissenunterseite und die Taschenoberseite auch einfarbigen oder gemusterten Deko-Stoff oder einen anderen festen Baumwollstoff nehmen. Die Oberseite des Rückenpolsters und die Taschenunterseite hingegen bestehen aus einer durchgehenden Stoffbahn.

Sitz- und Rückenpolster

Material

Für ein Rückenpolster 23 cm x 20 cm und ein Sitzkissen 23 cm x 23 cm (die 4 cm breiten Rüschen nicht eingerechnet):

60 cm Stern-Aida-Stoff in hellem Khaki, ca. 54 Fäden/10 cm, 110 cm breit
30 cm farblich dazu passender Baumwollsatin, 90 cm breit, für die Rüschen
1,20 m Nahtband in einer Kontrastfarbe, 12 mm breit
24 cm x 23 cm mittelstarke Synthetic-Wattierung
Sticktwist in den in der Tabelle angeführten Farben
Sticknadel Nr. 26
Kissen 25 cm x 25 cm

Zuschneiden der Teile

Schneiden Sie nach dem unten dargestellten Schnittmuster die Teile für Kissen und Rückenpolster zu. Die Nahtzugaben sind in den angegebenen Maßen enthalten.
Den Baumwollsatin in drei jeweils 10 cm breite Streifen schneiden und zunächst beiseite legen.

Sticken

Rückenpolster und Kissen werden auf dieselbe Weise gestickt. Bereiten Sie den Anleitungen auf Seite 5 entsprechend den Stoff vor, markieren Sie die Mittellinien der Motive mit Heftfaden und spannen Sie den Stoff in einen Rund- oder Leistenspannrahmen. Für das Rückenpolster (Teil B) zuvor noch die Stoffbruchlinie markieren.
Sticken Sie mit zwei Fäden in der Nadel nach dem Zählmuster und schließen Sie mit den Rückstichen ab. Die Rückstiche auf dem Binsengeflecht des Stuhles (Rückenpolster) werden einfädig gestickt. Die fertige Stickerei aus dem Rahmen nehmen und von links dämpfen.

Schnittmuster

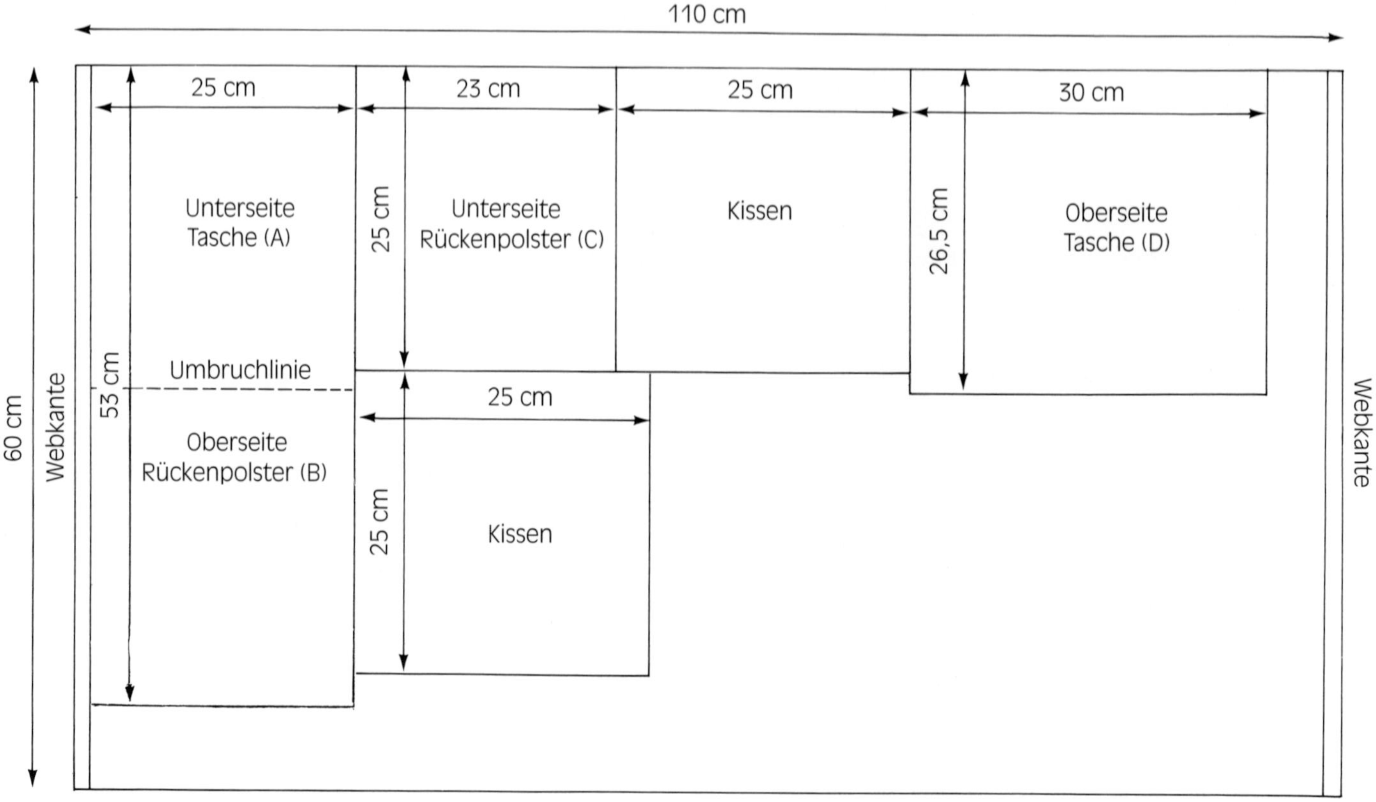

Fertigstellen

Rückenpolster:

Schneiden Sie das bestickte Teil mit den Heftlinien als Orientierungshilfe auf eine Größe von 48,5 cm x 23 cm zurecht und achten Sie darauf, daß sich das Motiv in der Mitte von Teil B befindet.

Für die Rüschen zwei 50 cm lange Streifen Satin abschneiden, der Länge nach rechts auf rechts falten und die Schmalseiten zusammensteppen. Die Streifen umdrehen und bügeln. Entlang der offenen Kante eine Kräuselnaht machen und die Streifen auf 23 cm Länge zusammenziehen. Die Rüschen rechts auf rechts, mit der offenen Kante knapp innerhalb der Nahtzugabe, auf die Längskanten von Teil B heften und ansteppen.

Für die Haltebänder das Nahtband in vier gleich lange Teile schneiden. Die Bänder rechts auf rechts auf die Schmalseiten der Teile A und B heften (siehe Abbildung); sie werden später beim Zusammensteppen mit den Teilen C bzw. D mitgefaßt.

Die Wattierung auf die linke Seite von Teil C (Unterseite Rückenpolster) auflegen, die Schnittkanten an drei Seiten aufeinander ausrichten, feststecken und heften. Die obere Schmalseite (an der Oberkante der Stuhllehne) von Teil C 12 mm und über die Schnittkante der Wattierung hinweg nach links umschlagen und heften. Teil C – mit der gehefteten Schmalseite an der Stoffbruchlinie – rechts auf rechts auf Teil B legen, und die beiden Teile an den Längskanten und der Unterkante zusammensteppen. Wattierung und Ecken zurückschneiden, das Rückenpolster auf die rechte Seite drehen, und Ober- und Unterseite (Teile B und C) dicht an der eingeschlagenen Oberkante von Teil C entlang durch alle Lagen hindurch zusammensteppen.

An einer Längskante von Teil D (Oberseite Tasche) einen 12 mm breiten Doppelsaum steppen. An der zweiten Längskante zu beiden Seiten und jeweils 6 cm von den Außenkanten entfernt eine 2 cm tiefe Falte legen und mit einer Quernaht fixieren.

An der Stoffbruchlinie der Teile A und B die seitliche Nahtzugabe einschneiden. Teil D mit der rechten Seite auf die linke Seite von Teil A auflegen, Seiten- und Unterkanten heften und zusammensteppen; die Oberkante bleibt offen. Die Ecken zurückschneiden und Teil D auf die rechte Seite drehen. Die oberen Taschenecken durch einige Querstiche verstärken.

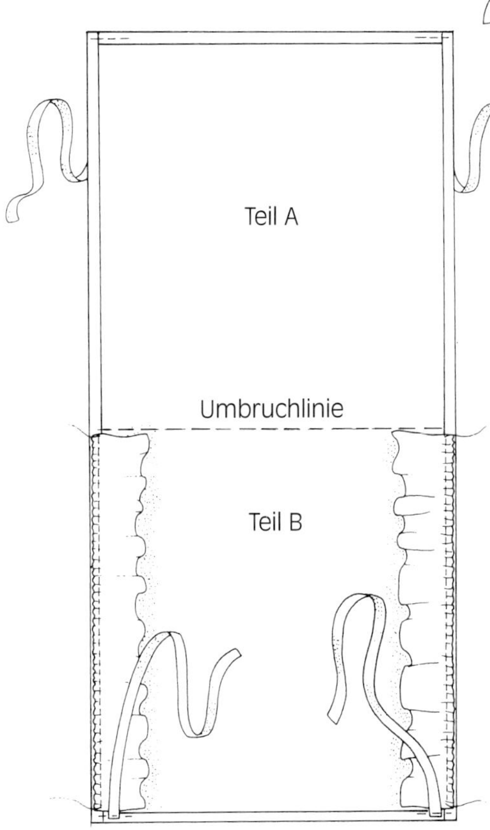

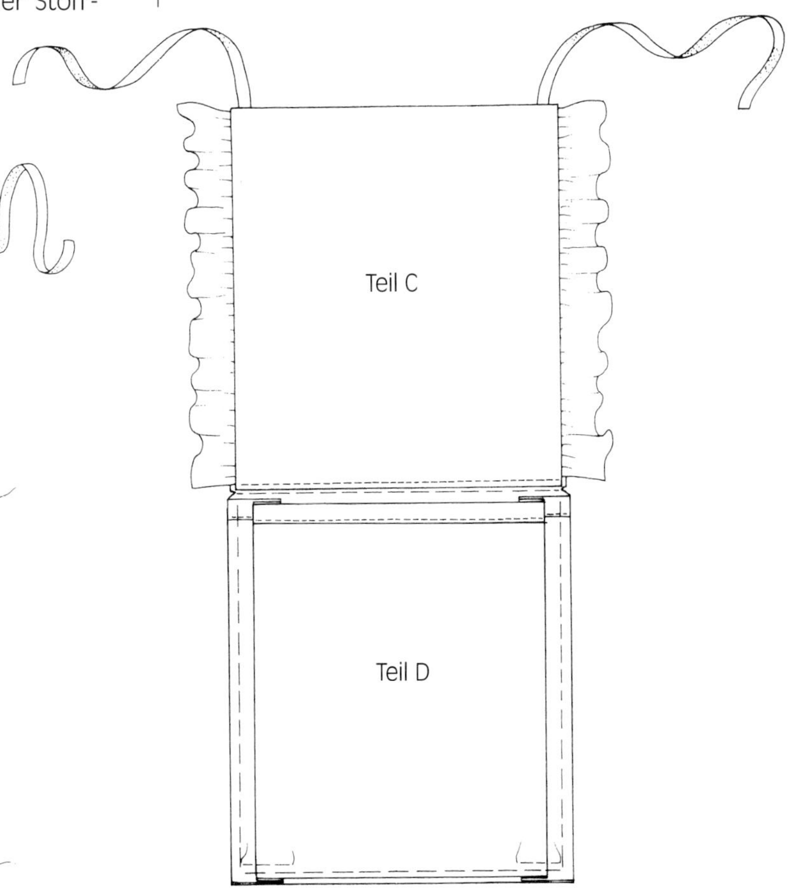

Sitzkissen:

Für die Rüsche die restlichen Satinstreifen zu einem 1,60 m langen Band zusammennähen und das Band an seinen beiden Schmalkanten zu einem Ring schließen, auf die rechte Seite drehen und die Nähte breitbügeln. Das Rüschenband der Länge nach links auf links falten und bügeln. Entlang den Schnittkanten eine Kräuselnaht machen und die Rüsche auf passende Länge zusammenziehen, rechts auf rechts auf die Kissenvorderseite heften und feststeppen.

Die Kissenunter- und -oberseite rechts auf rechts zusammenheften, steppen und in der Mitte einer Seite einen 15 cm langen Schlitz offenlassen. Die Ecken zurückschneiden, die Kissenhülle auf die rechte Seite drehen und nach dem Herausziehen der Heftfäden leicht überbügeln. Stopfen Sie dann das Kissen hinein und verschließen Sie den Schlitz mit Hohlstichen.

Sitzkissen ▼

Symbol	Nr.	Farbe
॥		Weiß
⬓	3047	Creme
S	676	Blaßgelb (auch Rückstiche Pfoten)
◺	783	Gold, dunkel
◆	224	Blaßrosa
●	3733	Rosa
◣	504	Türkis, blaß (Rückstiche: Grün)
I	807	Türkis
÷	598	Blau
↓	523	Gelbgrün
△	733	Grün
⊡	435	Hellbraun (Rückstiche: Dunkelbraun)
○	611	Braun (Rückstiche: Dunkelbraun)
✚	3781	Dunkelbraun
=	453	Grau

Rückenpolster ▲

◺ Weiß
S 3047 Creme (Rückstiche: Gold, dunkel)
I 676 Blaßgelb
△ 783 Gold, dunkel (Rückstiche: Dunkelbraun)
◆ 224 Blaßrosa
⊡ 3733 Rosa (Rückstiche: Türkis, blaß)
◣ 504 Türkis, blaß
↓ 598 Blau (Rückstiche: Hellbraun)
✠ 435 Hellbraun (horizontale Rückstiche Stuhlrand)
● 3781 Dunkelbraun

Sofakissen

Ob auf der Liege eines Teenagers, in einem Sessel oder auf der Couch – diese reizenden kleinen Kissen sind überall hübsch anzusehen. Hätten Sie gerne etwas größere Bezüge, könnten Sie sie mit einer Samtborte in einem dazu passenden dunklen Farbton besetzen. Die Borte läßt die Kissen größer erscheinen und gibt den Märchenmotiven zudem einen effektvollen Rahmen.

Sofakissen

Material

Für 3 Kissenhüllen 24 cm x 24 cm:

Jeweils 58 cm x 29 cm cremefarbener, rosafarbener und grauer Stern-Aida-Stoff, 56 Fäden/10 cm
Jeweils 1 m Paspel in Metallic-Gold, Grau und Rot
Sticktwist in den in der Tabelle angeführten Farben
Sticknadel Nr. 24
Passendes Nähgarn
3 Kissen 25 cm x 25 cm
Transparentpapier

Sticken

Alle drei Kissen werden auf dieselbe Weise gearbeitet. Schneiden Sie zunächst den Aida-Stoff für jedes Kissen in zwei gleich große Teile (29 cm x 29 cm), bereiten Sie dann jeweils eines davon den Anleitungen auf Seite 5 entsprechend vor und spannen Sie den Stoff in einen Stickrahmen.
Sticken Sie mit zwei Fäden in der Nadel die Kreuzstiche nach dem Zählmuster und schließen Sie mit den Rückstichen ab. Zum Schluß das Motiv mit zweifädig gestickten Rückstichen umranden und darauf achten, daß alle vier Ecken symmetrisch ausfallen.
Die Stickerei aus dem Rahmen nehmen und von links dämpfen.

Fertigstellen

Das bestickte und unbestickte Teil jeder Kissenhülle an den Kanten auf 26,5 cm x 26,5 cm zurückschneiden. Pausen Sie die Umrisse der Kissenecke durch, die auf dem Zählmuster des Rattenfängers eingezeichnet ist und fertigen Sie durch Umklappen der Zeichnung an der jeweiligen Mittellinie eine Pappdeckelschablone der Kissenform an. Die Schablone auf die beiden Teile auflegen, die abgerundeten Ecken markieren und ausschneiden. Eine 12 mm breite Nahtzugabe ist bereits enthalten.
Das Rumpelstilzchen-Motiv wird mit der Metallic-Gold-Paspel eingefaßt, der Rattenfänger mit der roten und die Gänsemagd mit der grauen Paspel. Die Paspel rechts auf rechts – mit der offenen Kante knapp innerhalb der Nahtzugabe – auf das Stickbild auflegen, heften und mit dem Reißverschlußfuß ansteppen (siehe Seite 6). Die beiden Enden der Paspel überlappen und die unversäuberten Kanten sauber in die Nahtzugabe laufen lassen. Bei Paspeln, die sich (anders als fertige Metallic-Paspeln) aufspleißen lassen, ließe sich so eine unsichtbare Verbindung schaffen.
Vorder- und Rückseite der Kissenhülle rechts auf rechts aufeinanderlegen, heften und mit dem Reißverschlußfuß möglichst dicht an der Paspel entlang zusammensteppen; in der Mitte einer Seite einen 16 cm langen Schlitz offenlassen.
Die Heftfäden herausziehen, die Ecken einschneiden und die Kissenhülle auf die rechte Seite drehen. Ehe Sie das Kissen hineinstopfen, die Kissenecken ein wenig eindrücken, etwas rundlich zurechtzupfen und diese Form mit einigen losen Stichen fixieren. Das Kissen in die Hülle stopfen und die Öffnung mit Hohlstichen verschließen.

Rattenfänger ▶

↑	725	Gelb
◣	741	Bernstein
I	370	Ocker (Rückstiche: Grau)
S	3779	Fleischfarben (Rückstiche: Hellgrau)
✙	606	Rot (Rückstiche: Grau)
⊡	309	Magentarot (Rückstiche: Grau)
◺	703	Hellgrün
○	943	Blaugrün (Rückstiche: Grau)
●	3052	Gelbgrün
◆	927	Hellgrau (Rückstiche: Grau)
↓	317	Grau (Rattenpfoten; Rückstiche: Hellgrau)
△	413	Dunkelgrau (Barthaare Ratten; Schnurrbart Rattenfänger)

Musterecke an dieser Mittellinie gegengleich auf der anderen Seite anlegen

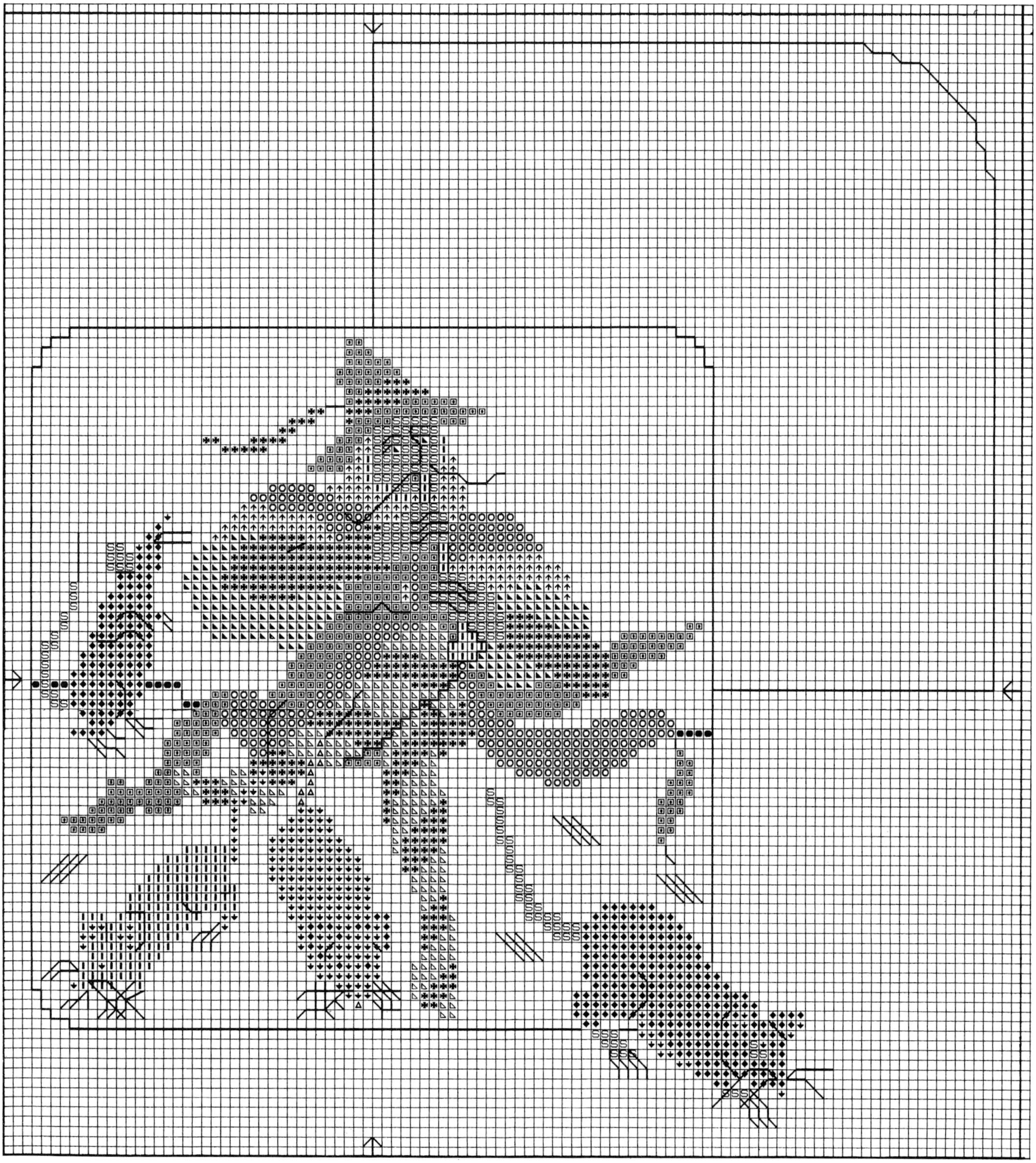

Musterecke an dieser Mittellinie gegengleich auf der anderen Seite anlegen

Der Rattenfänger von Hameln

Der Rattenfänger setzte seine Flöte an die Lippen und spielte eine traurige, lockende Melodie. Plötzlich wimmelte es in den Straßen von Hameln von Ratten. Da zog der Rattenfänger zum Fluß und setzte sich nieder, worauf sich die Ratten in das eiskalte Wasser stürzten und auf immer verschwanden.

Die Gänsemagd

Die Prinzessin, von ihrer Kammerjungfer betrogen und zur Gänsemagd erniedrigt, sprach mit dem Kopf ihres Pferdes Falada. Allmorgendlich, wenn sie die Gänse auf die Wiese trieb, blieb sie unter dem Tor stehen und sprach: „Oh du Falada, da du hangest!" Und Falada erwiderte: „Oh du Jungfer Königin, da du gangest; wenn das deine Mutter wüßte, das Herz im Leib tät' ihr zerspringen." Dann zog sie weiter ihres Weges, bis sie zur Wiese kam. Dort setzte sie sich nieder und begann ihr Haar zu kämmen.

Rumpelstilzchen

Da plötzlich, wie aus dem Nichts, erschien das wunderliche Männlein und sprach zur Müllerstochter: „Was gibst du mir, wenn ich dir alles Stroh zu Gold spinne?" „Den Ring von meinem Finger", erwiderte sie. Rumpelstilzchen hüpfte sogleich auf den Schemel und begann zu spinnen. Und über Nacht hatte es die ganze Kammer voll Stroh zu purem Gold gesponnen.

Rumpelstilzchen ▲

- S 834 Maisgelb (und Rückstiche Halme)
- ↓ 725 Gelb
- ○ Goldfarben (und gesponnener Faden; Rückstiche: Hellbraun)
- ◆ 3779 Fleischfarben (Rückstiche: Braun)
- ● 3712 Rot (Rückstiche: Türkis)
- ◣ 3753 Türkis, blaß (Rückstiche: Türkis)
- ⊡ 3766 Türkis (Rückstiche: Grün)
- I 3347 Grün
- △ 3045 Hellbraun (Rückstiche: Braun)
- ✚ 3011 Braun (Rückstiche: Hellbraun)

Gänsemagd ▼

- = Weiß (Rückstiche: Grau)
- ◆ 725 Gelb (Rückstiche: Olivgrün)
- ↑ 834 Gold (Rückstiche: Gelb)
- I 948 Fleischfarben (Rückstiche: Dunkelrosa; Auge: Gelbtürkis)
- ● 3354 Graurosa (Rückstiche Motivumrandung)
- ◺ 3706 Dunkelrosa (Rückstiche Haarband)
- ○ 927 Gelbtürkis (Rückstiche: Graurosa)
- S 772 Blaßgrün (Rückstiche Gras)
- ↓ 3013 Olivgrün
- ⊡ 3052 Gelbgrün (Rückstiche Äste)
- △ 3072 Grau (Rückstiche Ärmel: Gelbtürkis; Pferd: Dunkelgrau)
- ✚ 926 Dunkelgrau

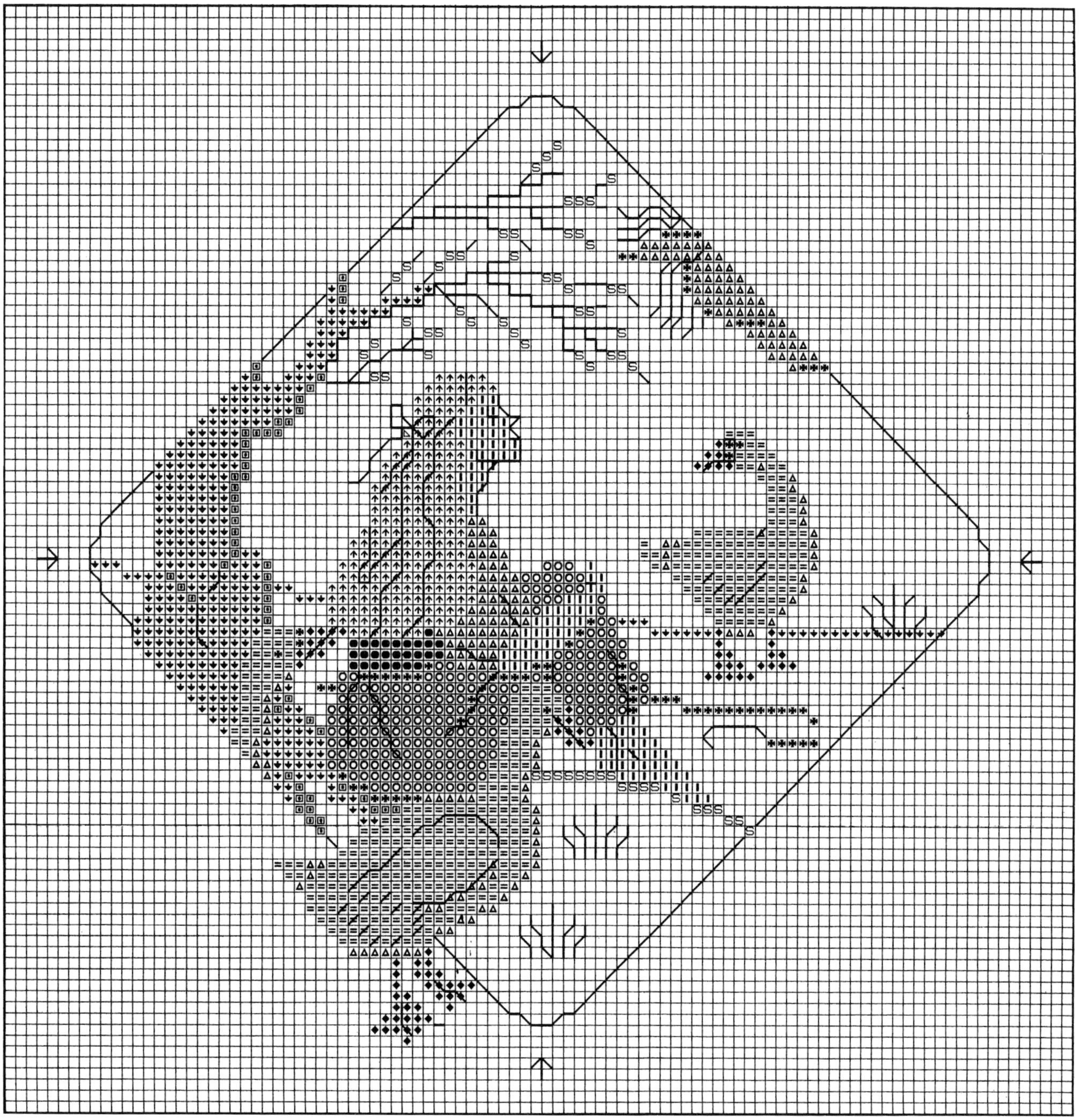

Tischset „Vier Jahreszeiten“

Kirschen, Erdbeeren, Hagebutten und Preiselbeeren bilden das Vier-Jahreszeiten-Motiv dieses bezaubernden Tischsets. Seine hübsche Form wird durch ein farbiges Schrägband gerahmt und zusätzlich betont.

Ein einzelnes Set ist heiteres Beiwerk für ein Essen allein, kann aber auch als Kommodendeckchen verwendet werden. Wenn Sie ein Set für jedes Familienmitglied anfertigen wollen, könnten Sie beispielsweise nur ein Motiv oben in die Mitte setzen, um den Aufwand an Stickarbeit zu reduzieren.

Tischset „Vier Jahreszeiten"

Material

Für ein Tischset 39 x 29 cm:

46 x 35 cm weißes Stickleinen, ca. 104 Fäden/10 cm
130 cm farbiges Schrägband, 2,5 cm breit
Sticktwist in den in der Tabelle angeführten Farben
Sticknadel Nr. 26
Passendes Nähgarn
20 x 15 cm Karton als Schablone (z. B. von einer Cornflakes-Schachtel oder ähnliches)
Pauspapier

Sticken

Die Stoffkanten vorbereiten und in beiden Richtungen die Mittellinien mit Heftfaden markieren. Dann nach den Angaben in den Zählmustern das Rechteck in der Mitte aufheften, durch das sich die Lage der Motive bestimmen läßt. Insgesamt hat es eine Seitenlänge von 200 x 140 Gewebefäden.
Spannen Sie das Leinen in einen Rahmen und sticken Sie mit zwei Fäden in der Nadel. Die Kreuzstiche laufen jeweils über zwei Schuß- und zwei Kettfäden.
Die fertige Arbeit von links dämpfen und die Heftfäden noch nicht herausziehen.

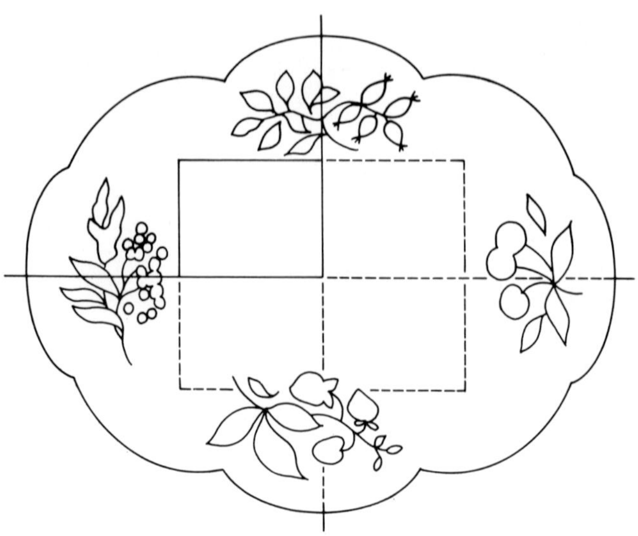

Zeichnen der Umrißform

Pausen Sie mit einem weichen Bleistift die auf dieser Seite abgebildete Viertelform des Tischsets durch. Die Zeichnung umdrehen, auf den Karton legen und durch Nachziehen der Umrißlinie auf den Karton übertragen. Achten Sie darauf, daß die beiden geraden Seiten genau einen rechten Winkel bilden. Anschließend die Schablone ausschneiden.
Breiten Sie die Stickerei mit der rechten Seite nach unten aus und legen Sie die Schablone so auf ein Stoffviertel, daß die geraden Kanten genau mit dem gehefteten Kreuz in der Mitte übereinstimmen. Übertragen Sie mit leichtem Bleistiftdruck die geschwungene Umrißlinie und wiederholen Sie diesen Vorgang auch für die verbleibenden drei Viertel. Das Tischset vorsichtig ausschneiden und die Heftfäden entfernen.

Säumen der Kante

Den Schrägstreifen ausgehend von der Ecke einer Rundung rechts auf rechts der Kante entlang aufstecken und anheften (s. Anleitung Seite 6). Um zwei Teile zu verbinden 2 cm überlappen lassen und das abgeschnittene, eingeschlagene Ende ca. 6 mm weit unterschieben. Mit passendem Faden in Steppstich oder Rückstich festnähen.
Den Schrägstreifen über die Stoffkante auf die linke Seite umschlagen und dabei vorsichtig den Biegungen anpassen. An der Rückseite auf der gleichen Stichlinie annähen, damit der Faden vorne nicht sichtbar ist.

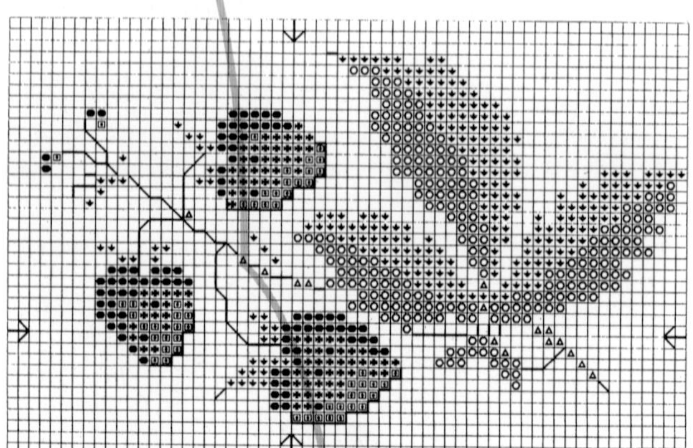

Erdbeeren ▲

⊡ Blaßrosa (Rückstich 335)
✚ 335 Rosa (auch Umrißlinie an der hellen Seite der Erdbeere)
● 321 Rot
↓ 470 Blaßgrün
○ 3348 Grün
△ 731 Olivgrün (auch Rückstich Stiele

Preiselbeeren ◄

- △ 744 Altgold (auch Eckpunkte)
- ● 718 Magenta
- ○ 3752 Blaßblau
- ⊡ 334 Blau
- ✠ 3750 Dunkelblau
- ◆ 564 Blaßgrün
- ↓ 959 Grün (Rückstich 733)

Hagebutten ▼

- ○ 676 Gelb
- ● 350 Rot
- △ 976 Rostrot
- ⊡ 3766 Blau
- ✠ 581 Grünbraun
- ↓ 3012 Hellbraun (auch Rückstich Hagebutten-spitzen)

Zum Zeichnen der geschwungenen Umrißlinie die Schablone für jedes Viertel am Mittelkreuz anlegen und außen mit dem Bleistift umfahren.

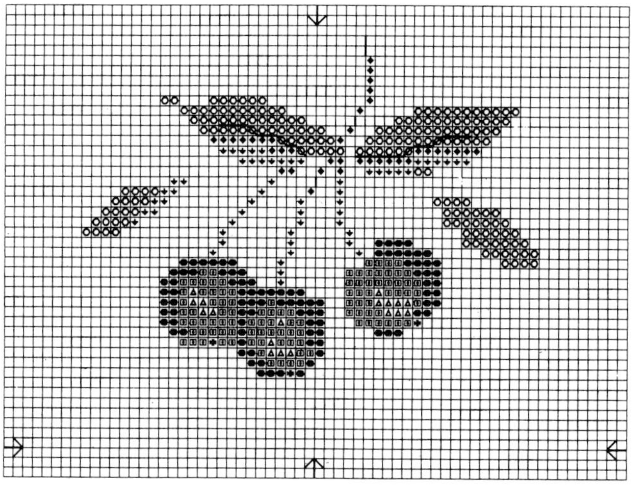

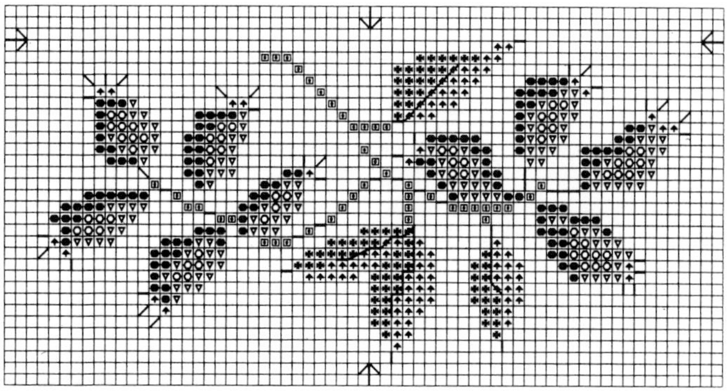

Kirschen ◄

- △ 962 Blaßrosa
- ⊡ 602 Rosa
- ● 600 Rot
- ✠ 814 Dunkelrot
- ○ 945 Blaßgrün (Rückstich 943)
- ◆ 992 Salbeigrün
- ↓ 943 Lindgrün

Grüße und Glückwünsche

Auf einer handgestickten Karte übermittelt, erhalten Glückwünsche eine besonders liebenswerte Note. Schicken Sie zur Ankunft eines Babys oder zur Taufe eine Karte mit Tauben und Herzen, zu Weihnachten einen freundlichen Nikolaus oder zum zweiten Geburtstag des jüngsten Familiensprosses zwei farbenfrohe Papageien. Die Motive sind leicht zu sticken und in selbstklebenden Passepartout-Karten im Handumdrehen montiert.

Grüße und Glückwünsche

Material

Für die Karte zur Taufe 20 cm x 14,5 cm, mit rechteckigem Passepartout-Ausschnitt 14 cm x 9,5 cm:

23 cm x 18 cm blaßrosa Stickleinen, ca. 112 Fäden/10 cm
Sticktwist in den in der Tabelle angeführten Farben
Sticknadel Nr. 26
Passepartout-Glückwunschkarte
Bei nicht selbstklebenden Passepartouts: etwas Klebstoff

Für die Weihnachtskarte mit Nikolausmotiv 14 cm x 9 cm, mit ovalem Passepartout-Ausschnitt 9 cm x 7 cm:

17 cm x 13 cm blaßgrünes Stickleinen,
ca. 112 Fäden/10 cm
Sticktwist in den in der Tabelle angeführten Farben
Sticknadel Nr. 26
Passepartout-Weihnachtskarte
Bei nicht selbstklebenden Passepartouts: etwas Klebstoff

Karte zum 2. Geburtstag 20 cm x 14,5 cm, mit rechteckigem Passepartout-Ausschnitt 14 cm x 9,5 cm:

23 cm x 18 cm weißer Fein-Aida-Stoff, ca. 70 Fäden/10 cm
Sticktwist in den in der Tabelle angeführten Farben
Sticknadel Nr. 26
Passepartout-Glückwunschkarte
Bei nicht selbstklebenden Passepartouts: etwas Klebstoff

Sticken

Bereiten Sie den Anleitungen auf Seite 5 entsprechend den Stoff vor und spannen Sie ihn in einen kleinen Rundrahmen. Besonders wichtig bei Stickereikarten ist eine saubere Rückseite ohne auftragende Stiche und Knoten, die sich als häßliche Verdickungen an der Vorderseite abzeichnen würden. Bei der Weihnachts- und Taufkarte wird ein Kreuzstich über zwei Gewebefäden gestickt.

Taufe ▼

I	Weiß	⊡	734 Grün (Rückstiche Kante)
✱	Silberfarben (Rückstiche Tauben)	○	828 Blaßblau
◆	725 Ocker	△	3072 Blaßgrau
●	957 Rosa		

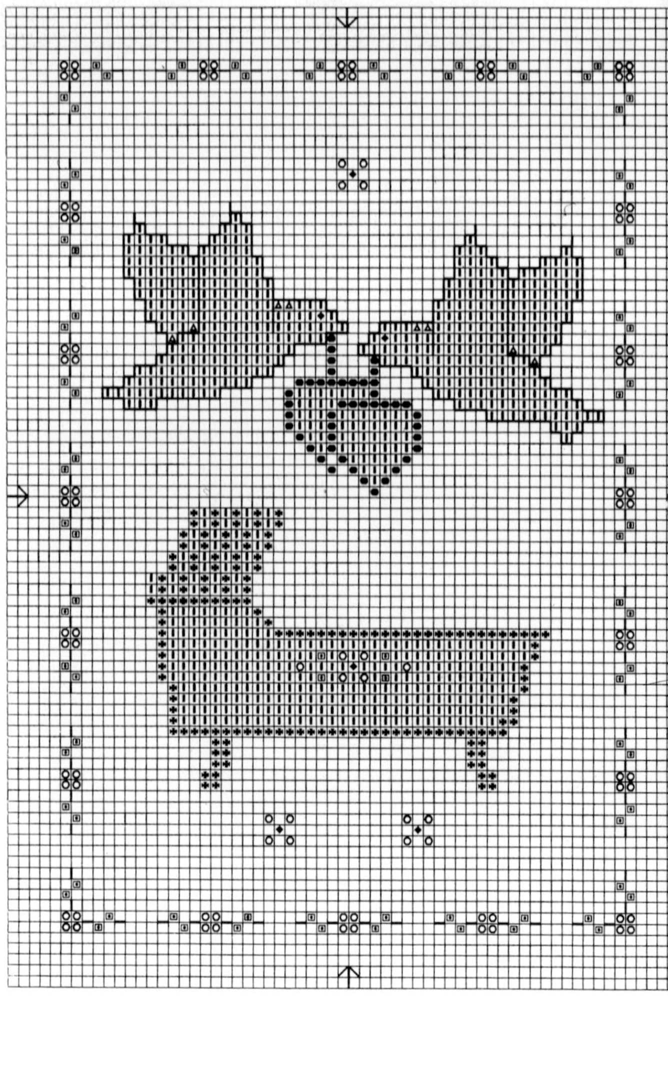

Sticken Sie alle drei Motive nach dem Zählmuster und nehmen Sie für die Kreuzstiche zwei Fäden in die Nadel. Einfacher geht es, wenn man beim Nikolausbart zunächst die blaßgrauen Schattierungen stickt und anschließend die weißen Felder ausfüllt. Ähnliches gilt für die Taufkarte; sticken Sie zunächst die Verzierungen auf der Wiege und fügen Sie erst danach die weißen Kreuzstiche ein. Die fertige Stickerei von links dämpfen. Ratsam ist es, die gehefteten Orientierungslinien noch nicht zu entfernen; sie helfen beim Einpassen des Stickbildes in den Passepartout-Ausschnitt.

Fertigstellen

Die drei Teile der Karte auseinanderfalten. Die Stickerei auf Größe des Passepartout-Ausschnittes plus rundum 12 mm zurückschneiden, so auf die Rückseite des Ausschnittes auflegen, daß das Stickbild genau in der Mitte sitzt und mit ein wenig Klebstoff fixieren. Die Heftfäden herausziehen. Klappen Sie nun den linken Teil der Karte ein und kleben Sie ihn ebenfalls vorsichtig an, so daß das Stickbild sauber und von beiden Seiten fixiert in seinem Rahmen sitzt

2. Geburtstag ▲

- ↓ 725 Gelb
- ✠ 351 Rot
- △ 704 Grün
- ⊡ 734 Olivgrün
- ● 798 Blau

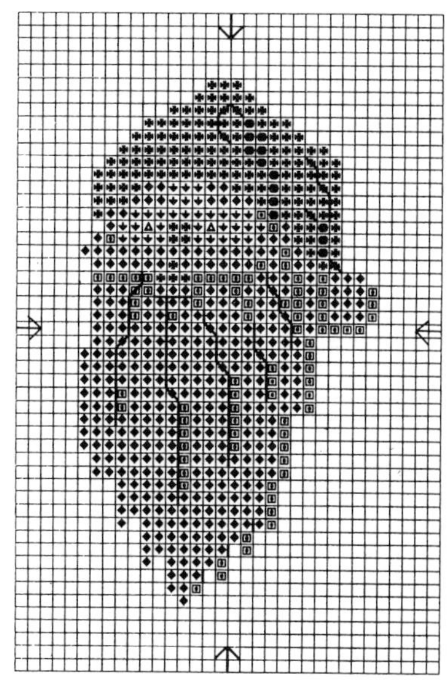

Nikolaus ▲

- ◆ Weiß
- ↓ 754 Fleischfarben
- ✠ 606 Rot
- ● 347 Dunkelrot (Rückstiche Mütze)
- △ 518 Blau
- ⊡ 3072 Blaßgrau (Rückstiche Bart)

Advents-kalender

Schon in den ersten Dezemberwochen bereitet man sich eifrig auf die Festtage vor, und die Kinder zählen die Tage bis Weihnachten mit Hilfe eines Adventskalenders. In unserem farbenfrohen „Glockenzug"-Kalender sind Taschen versteckt, die für jeden Tag ein kleines Geschenk enthalten. Für Kinder gibt es nichts Spannenderes, als die winzigen Präsente in ihren numerierten Taschen zu entdecken – eines für jeden Tag bis zum ersehnten Heiligabend.

Adventskalender

Material

Adventskalender, 12,5 cm x 60 cm:

15 cm x 127 cm Streifen silbermelierter Bellana-Stoff (Zweigart;ca. 80 Fäden/10 cm; 12 mm Nahtzugabe rundherum sind dabei berücksichtigt)
Sticktwist in den in der Tabelle angeführten Farben
Verschiedene Pailletten
Staubperlen
Weißes Nähgarn
Sticknadel Nr. 26
Perlnadel
Glockenzug-Enden aus Messing, 14 cm breit

Kalender fertigstellen

Mit der Nähmaschine die ungesäumte Kante rundherum im Zickzack einfassen, um Ausfransen zu verhindern. Diese Stickerei ist ohne Rahmen leichter auszuführen. 3,5 cm unter der Oberkante beginnen, die Zahlen sticken, wobei drei Fäden Sticktwist in der Nadel verwendet werden. Es wird über zwei Fäden des Bellana-Stoffes gestickt (40 Stiche auf 10 cm). Die Zahlen mit Pailletten und Staubperlen verzieren, nach Laune verteilen.
Die 12 mm breite Nahtzugabe an den Längsseiten einschlagen und mit der Maschine 6 mm von der Faltkante festnähen. Mit einer Saumzugabe von 6 mm die beiden Kanten der Schmalseite mit den Rückseiten zueinander zusammenheften. Die Nähte mit Heftfäden (durch beide Lagen) markieren wie im Stickmuster angegeben. Entlang den Heftstichlinien mit der Maschine vernähen und so die Seitentaschen herstellen. Die Klingelzug-Enden oben und unten in die Stofftunnels einführen.
Nun können Sie kleine Präsente in Seidenpapier wickeln und in den Taschen verstecken.

Adventskalender ▶	DMC	ANCHOR	MADEIRA
◪ Leuchtendrot	666	46	0210
— Naht für Taschen			

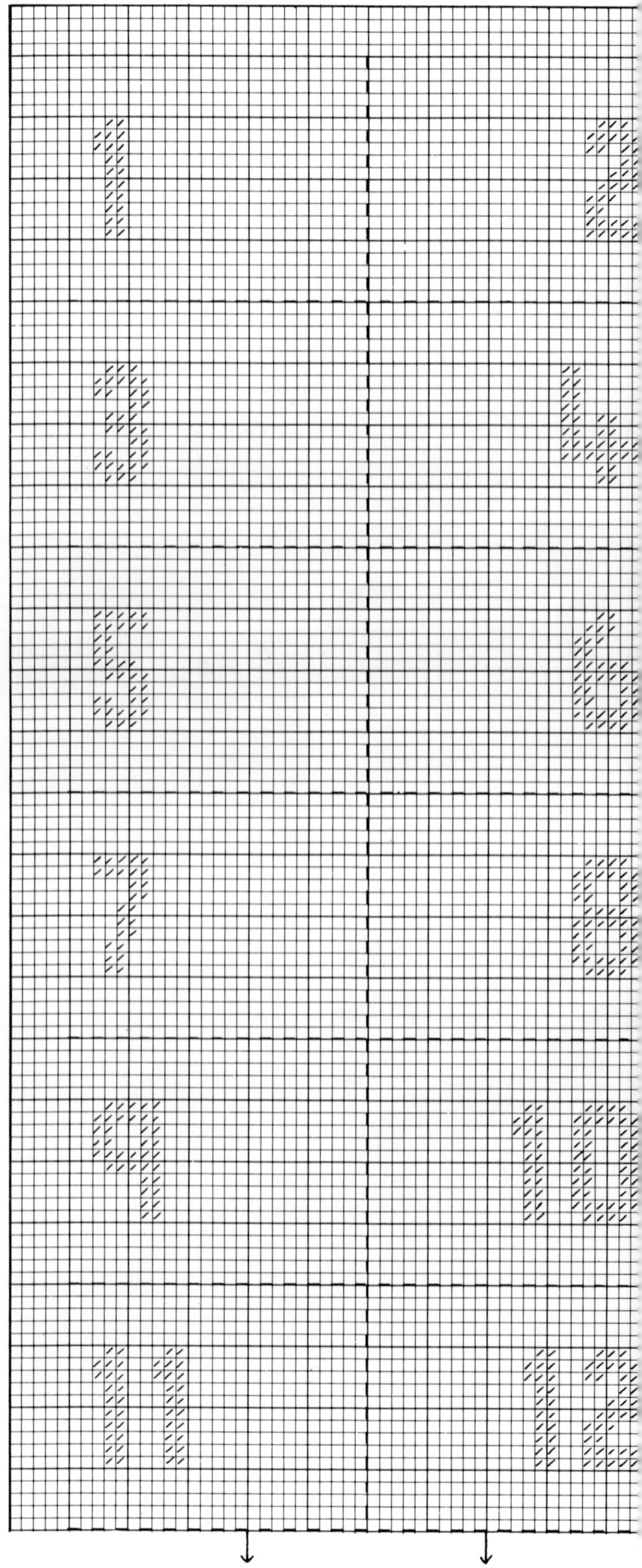

Nikolaus-strumpf

Dieser entzückend bestickte Strumpf hat genau die richtige Größe, um Süßigkeiten und Spielsachen oder einen kleinen Teddybären aufzunehmen. Ein Geschenk zum Nikolaustag oder zu Weihnachten, das Kinderherzen höher schlagen läßt.

Merry Christmas

Nikolausstrumpf

Material

Weihnachtsstrumpf, ca. 31 cm x 28 cm:

Zwei Stücke (38 cm x 30,5 cm) grüner Stern-Aida-Stoff
(ca. 54 Fäden/10 cm)
1,5 m roter Schrägstreifen, 12 mm fertige Breite
Sticktwist in den in der Tabelle angeführten Farben
Sticknadel Nr. 24
Roter Nähfaden

Sticken

Eines der beiden Stoffstücke zum Besticken vorbereiten, in einen Rahmen spannen (siehe Seite 5). Das Motiv aufsticken, zuerst den Kreuzstich (zwei Fäden Sticktwist in der Nadel verwenden) und dann den Rückstich (ein Faden in der Nadel) ausführen.
Vorsichtig von links dämpfen.

Fertigstellen

Strumpfschablone vergrößern (ein Karo mißt 5 x 5 cm) und ausschneiden. Auf die Mitte ausgerichtet auf die Stickerei legen; anzeichnen und Stoff zuschneiden. Die Pauspapierzeichnung umdrehen und das Motiv spiegelverkehrt aus dem zweiten Stück Stoff ausschneiden. Die zwei Stoffstücke mit den Rückseiten zueinander zusammenlegen und am Rand zusammenheften. Zusammensteppen, 12 mm Nahtzugabe einräumen und Öffnung freilassen. Den Rand bis auf 6 mm Abstand von der Naht zuschneiden und Heftfäden entfernen.
Roten Schrägstreifen um die ganze Naht und den Öffnungsrand feststecken und anheften; durch alle Stofflagen hindurch ansteppen. Wenn Sie den Strumpf aufhängen wollen, fertigen Sie aus einem kleinen Stück Schrägstreifen eine Schlaufe und bringen diese oben am Strumpf an der Rückennaht an.

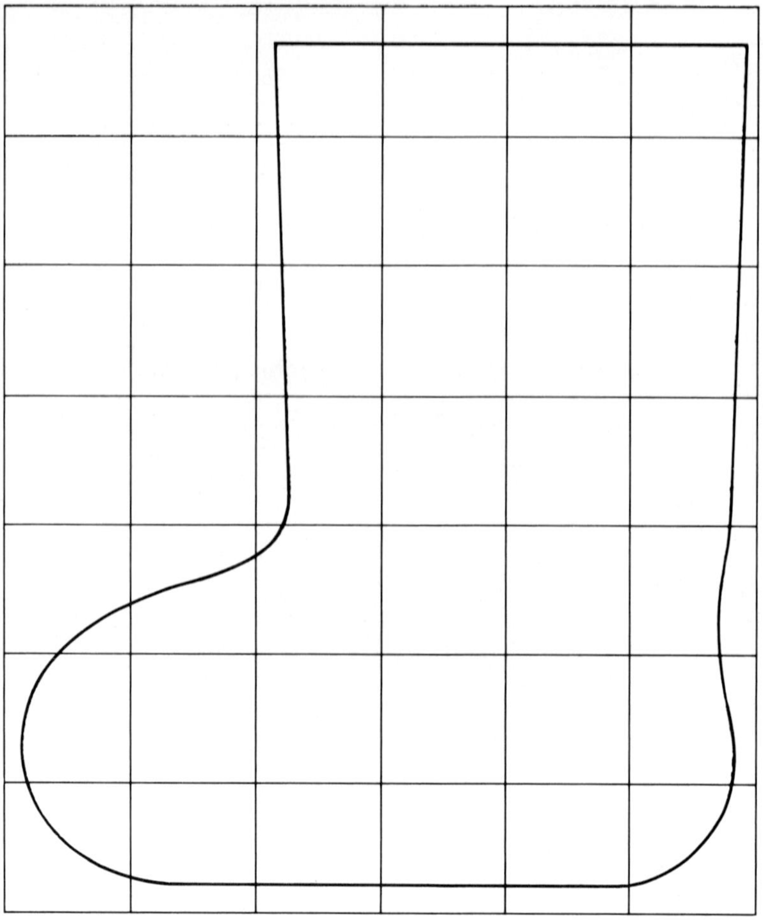

◀ Jedes Quadrat mißt 5 x 5 cm

Strumpf: ▶		DMC	ANCHOR	MADEIRA
⧄	Leuchtendrot	666	46	0210
C	Mittleres Granatrot	815	43	0513
⁞	Weiß	Weiß	2	Weiß
☒	Topasgelb	725	306	0108
●	Schwarz	310	403	Schwarz
II	Mittl. Stahlgrau	317	400	1714
•	Pfirsich, hell	754	6	0305
Λ	Pfirsich, mittel	352	9	0303
H	Mittl. Delfter Blau	799	130	0910
V	Königsblau	797	132	0912
I	Weizengold	3046	887	2206
O	Weizengold, dunkel	3045	888	2103
☰	Mittelviolett	553	98	0712
L	Helles Chartreusegrün	704	256	1308
Z	Sehr helles Goldgelb	3078	292	0102

Rückstiche: um Weiß mit mittlerem Stahlgrau; um Pfirsich hell mit Pfirsich mittel und um Weizengold mit dunklem Weizengold.

Merry
Christmas

Schmuckgläser und -deckchen

Diese schönen Glasbehälter aus geschliffenem Bleikristall auf ihren hübschen Deckchen sind zweckmäßig und dekorativ und lassen sich wunderbar verschenken. Sie können eine Frisierkommode oder einen Beistelltisch damit schmücken. Füllen Sie die Gläser mit Schmuck oder mit bunten Süßigkeiten für Ihre Kinder.

Gläser und Deckchen

Material

Jeder Glasbehälter mit Deckeldurchmesser 6,5 cm:

10 cm x 10 cm naturfarbener Lugana-Stoff
(Zweigart; ca.100 Fäden/10 cm)
Sticktwist in den in der Tabelle angeführten Farben
Sticknadel Nr. 26

Jedes Deckchen 16 cm x 16 cm:
16 cm x 16 cm roter Stern-Aida-Stoff (ca. 54 Fäden/10 cm)
Sticktwist in den in der Tabelle angeführten Farben
Sticknadel Nr. 24

Schmuckgläser

Den Stoff für jedes Motiv vorbereiten, die Mitte mit Heftstichen markieren und Stoff in einen Rundrahmen spannen (siehe Seite 5). Einen Faden Sticktwist in der Nadel verwenden und nach Zählmuster sticken. Die fertige Stickerei dämpfen, die Heftfäden stehenlassen.

Fertigstellen

Den Deckel vorsichtig auseinandernehmen. Das Motiv in die Mitte des Deckels legen und den Umriß des äußeren Randes auf den Stoff zeichnen. Deckel entfernen und Stoff zuschneiden. Durchsichtige Deckelscheibe wieder einsetzen, Motiv mit der Schauseite gegen die Klarsichtscheibe in den Deckel legen. Schaumstoffplatte hinter das Motiv legen. Die metallene Verschlußplatte mit dem Daumen kräftig andrücken, wobei die erhabene Seite der Platte zum Schaumstoff zeigt. Wenn die Verschlußplatte fest sitzt, das Velours-Deckelfutter mit etwas Klebstoff fixieren.

Schmuckdeckchen

Bei jedem Deckchen von der Mitte nach außen sticken, dabei zwei Fäden Sticktwist in der Nadel verwenden. Dämpfen, falls nötig, und die Ränder ausfransen, indem ein Faden nach dem anderen auf eine Tiefe von insgesamt 6 mm herausgezogen wird. Die Fransen entweder so belassen oder mit passendem Faden Hohlsaum nähen.

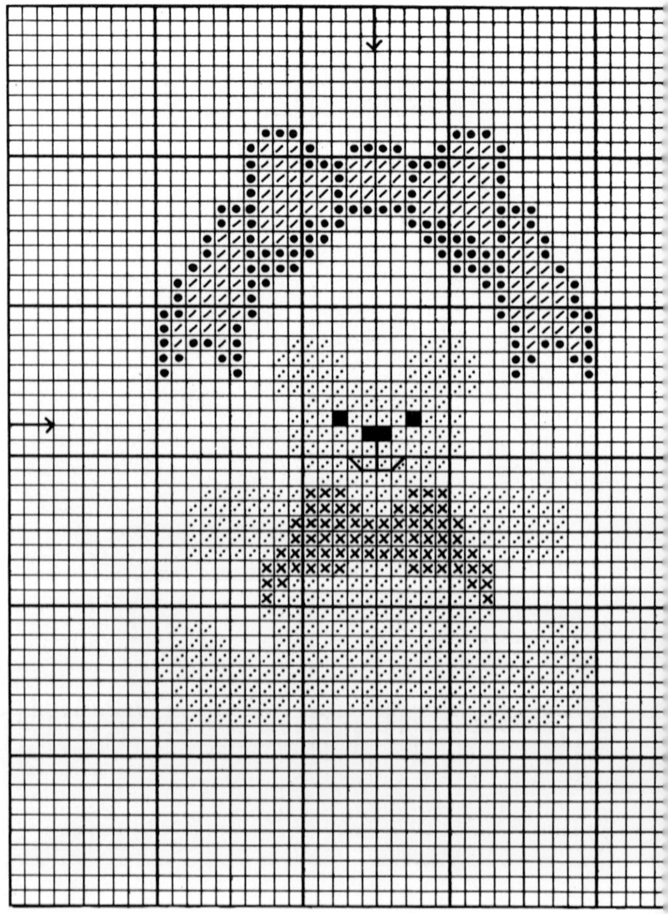

Schmuckgläser ▲	DMC	ANCHOR	MADEIRA
■ Schwarz	310	403	Schwarz
● Leuchtendgrün	700	229	1304
/ Chartreuse	703	238	1307
⁘ Weihnachtsgold	783	307	2211
X Leuchtendrot	666	46	0210
II Stahlgrau	414	400	1801
C Blaßgrau	415	398	1803

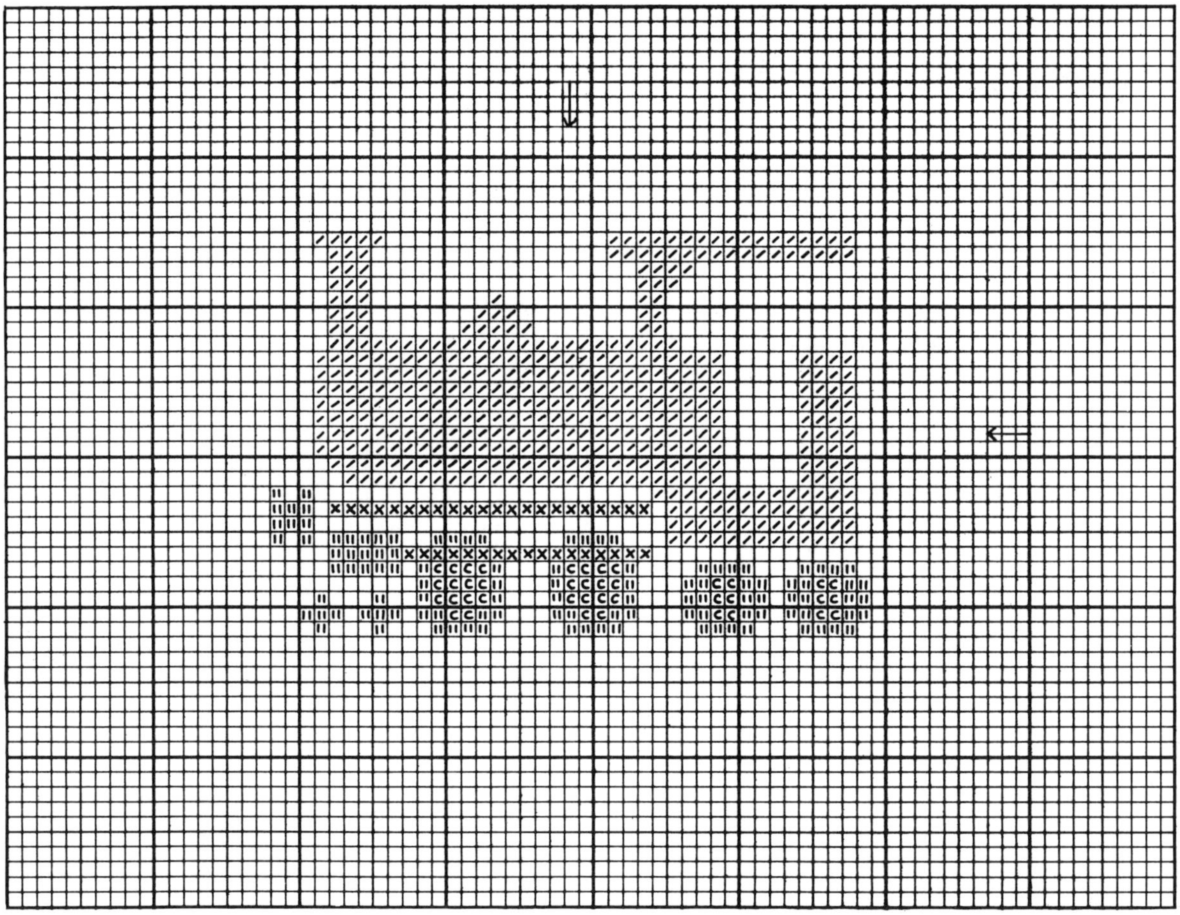

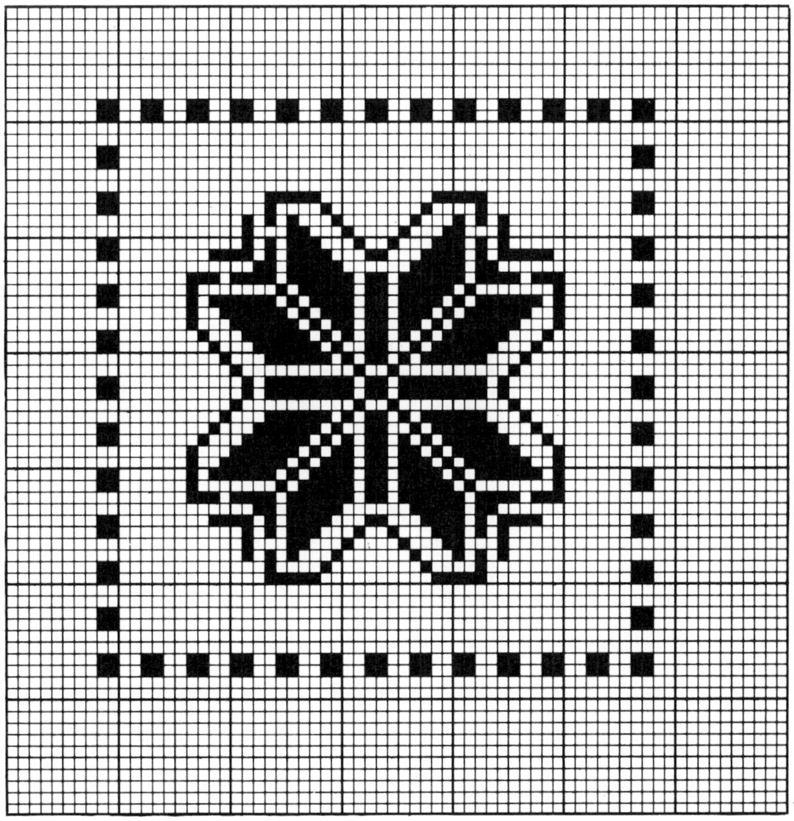

Deckchen ▶	DMC	ANCHOR	MADEIRA
■ Weiß	Weiß	2	Weiß

Nostalgische Weihnacht

Diese farbenfrohen Ornamente stammen aus viktorianischer Zeit. In kleinen Rahmen bilden sie einen bezaubernden Baumschmuck; dieselben Motive können aber auch für Grußkarten, Geschenkkärtchen oder für die Tischkarten an der festlichen Weihnachtstafel verwendet werden.

Nostalgische Weihnacht

Material

Für jedes Motiv (Rahmendurchmesser 6,5 cm):

10 cm x 10 cm elfenbeinfarbener Fein-Aida Stoff
(ca. 70 Gewebefäden/10 cm)
Sticktwist in den in der Tabelle angeführten Farben
1 Spule Goldfaden
Sticknadel Nr. 26
Evtl. ca. 20 cm Band, 6 mm breit, für eine Schleife
Runder goldfarbener Rahmen (siehe Bezugsquellen)
Wenn Sie alle Motive sticken, brauchen Sie nur einen Strang
von jeder Farbe

Sticken

Für jedes einzelne Motiv wird nur eine geringe Menge Stoff benötigt; um Reste zu vermeiden, sticken Sie am besten mehrere Entwürfe auf einmal. Bereiten Sie den Stoff für jedes Motiv gemäß den Anleitungen auf Seite 4 vor und markieren Sie die senkrechten und waagerechten Mittellinien mit Heftstichen in einer hellen Farbe. Spannen Sie den Stoff in einen Rundrahmen und zählen Sie von der Mitte nach außen, um die Stickerei an der günstigsten Stelle zu beginnen. Führen Sie die Kreuzstiche zuerst aus und achten Sie darauf, daß alle Deckstiche parallel verlaufen. Führen Sie danach alle Rückstich-Details aus.
Für alle Stiche nur einen Faden Sticktwist in der Nadel verwenden. Falls erforderlich, die fertige Arbeit schonend mit der Hand waschen. Vorsichtig von links dämpfen.

Fertigstellen

Mit Hilfe der durchsichtigen Kunststoffscheibe aus dem Rahmen die Stickarbeit auf die passende Größe zurechtschneiden. Das Motiv auf die Mitte ausrichten und vorsichtig die Clips am Rahmen einsetzen. Evtl. mit einer Schleife verzieren.

	Nostalgische Schleife ▶	DMC	ANCHOR	MADEIRA
P	Lachs dunkel	760	9	0405
O	Helles Rosarot	3328	11	0406
	Dunkelrot	347	19	0407
X	Apfelgrün	320	216	1311
L	Hellgrün	368	240	1310
	Sehr dunkles Braun	839	891	2208
▲	Mittelgold wird mit einem Goldfaden verwendet.	676	891	2208

Sehr dunkles Braun für die Umrandung der Schleife und Dunkelrot für die Hintergrundlinien verwenden (beide Farbtöne werden nur für Rückstiche verwendet).

	Bordüre ▶	DMC	ANCHOR	MADEIRA
P	Lachs dunkel	760	9	0405
	Helles Rosarot	3328	11	0406
●	Dunkelrot	347	19	0407
X	Apfelgrün	320	216	1311
S	Dunkelgrün	319	246	1405
▲	Sehr dunkles Braun	839	380	1913
L	Mittelgold wird mit einem Goldfaden verwendet.	676	891	2208

Helles Rosarot (nur für Rückstiche) für die Umrandung der Herzen und einen Faden Mittelgold mit einem Goldfaden verwenden.

	Festliche Türe ▶	DMC	ANCHOR	MADEIRA
O	Helles Rosarot	3328	11	0406
●	Dunkelrot	347	19	0407
X	Apfelgrün	320	216	1311
S	Dunkelgrün	319	246	1405
B	Mittleres Beigebraun	841	378	1911
╲	Helles Beigebraun	842	378	1910
·	Weiß	Weiß	1	Weiß
	Sehr dunkles Braun	839	380	1913
C	Mittelgold wird mit einem Goldfaden verwendet.	676	891	2208

Sehr dunkles Braun (nur für Rückstiche) für die Türumrandung verwenden.

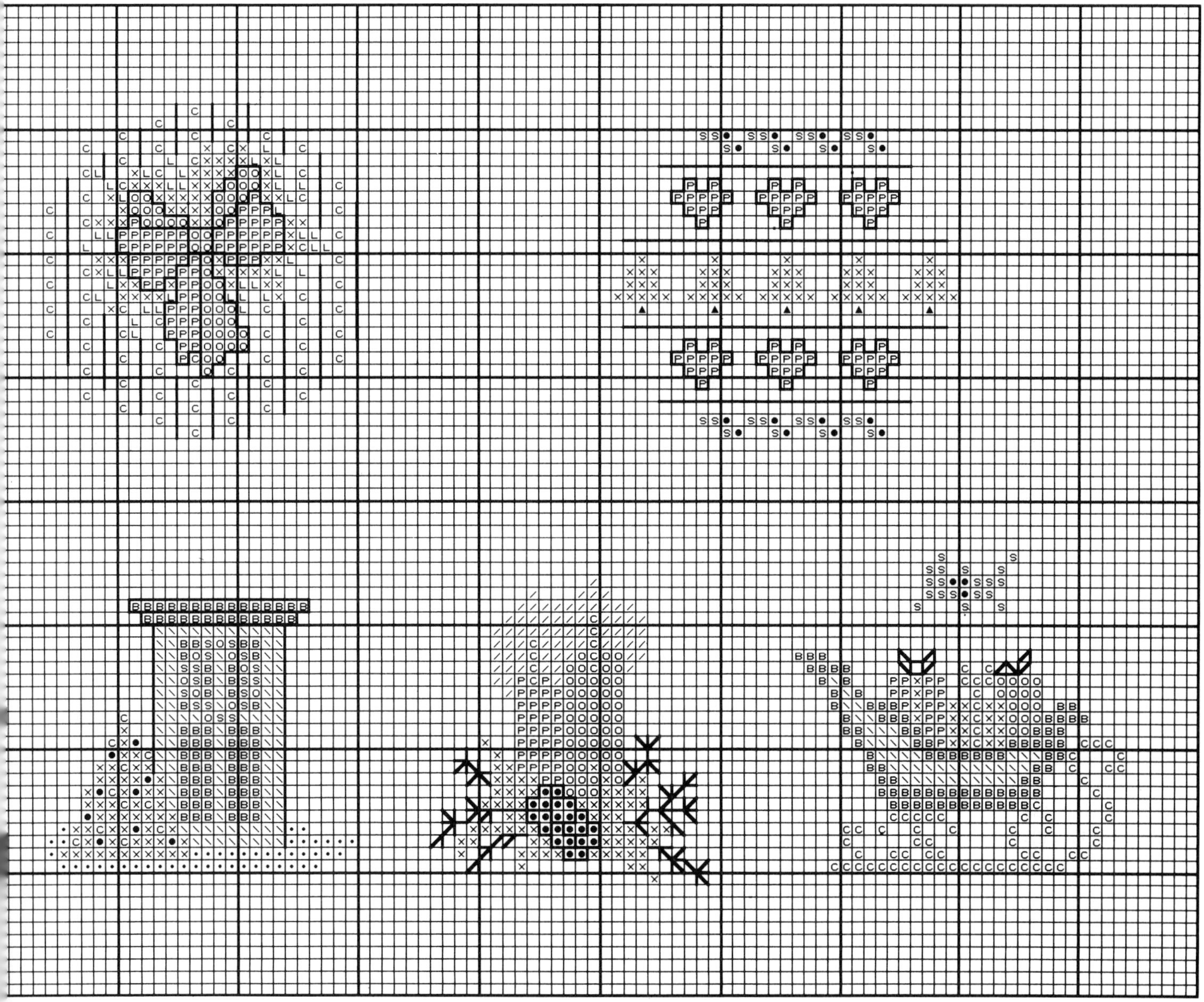

Weihnachtskerzen ▲	DMC	ANCHOR	MADEIRA
P Lachs dunkel	760	9	0405
O Helles Rosarot	3328	11	0406
● Dunkelrot	347	19	0407
X Apfelgrün	320	216	1311
Dunkelgrün	319	246	1405
/ Hellgold (nur halber Kreuzstich)	677	886	2205
Sehr dunkles Braun	839	380	1913
C Mittelgold wird mit einem Goldfaden verwendet.	676	891	2208

Die Stechpalmen-Beeren in sehr dunklem Braun umranden und die Tannenzweige mit Rückstichen ausführen (beide Farben nur für Rückstiche)

Schlitten ▲	DMC	ANCHOR	MADEIRA
P Lachs dunkel	760	9	0405
O Helles Rosarot	3328	11	0406
● Dunkelrot	347	19	0407
X Apfelgrün	320	216	1311
Dunkelgrün	319	246	1405
B Mittleres Beigebraun	841	378	1911
\ Helles Beigebraun	842	376	1910
C Mittelgold wird mit einem Goldfaden verwendet.	676	891	2208

Weihnachtskarten

Persönliche Grußkarten mit einer kleinen Stickerei bereiten einfach Vergnügen, ob man Sie nun selber herstellt oder bekommt. Weihnachtskarten kamen im 19. Jahrhundert in Mode. Anfangs waren sie vor allem mit Blumen verziert, später kamen die traditionelleren Weihnachtsmotive wie Stechpalme, Rotkehlchen und Schneelandschaften dazu. Auf sie folgten schließlich Krippenszenen und Engel.

XMAS

Weihnachtskarten

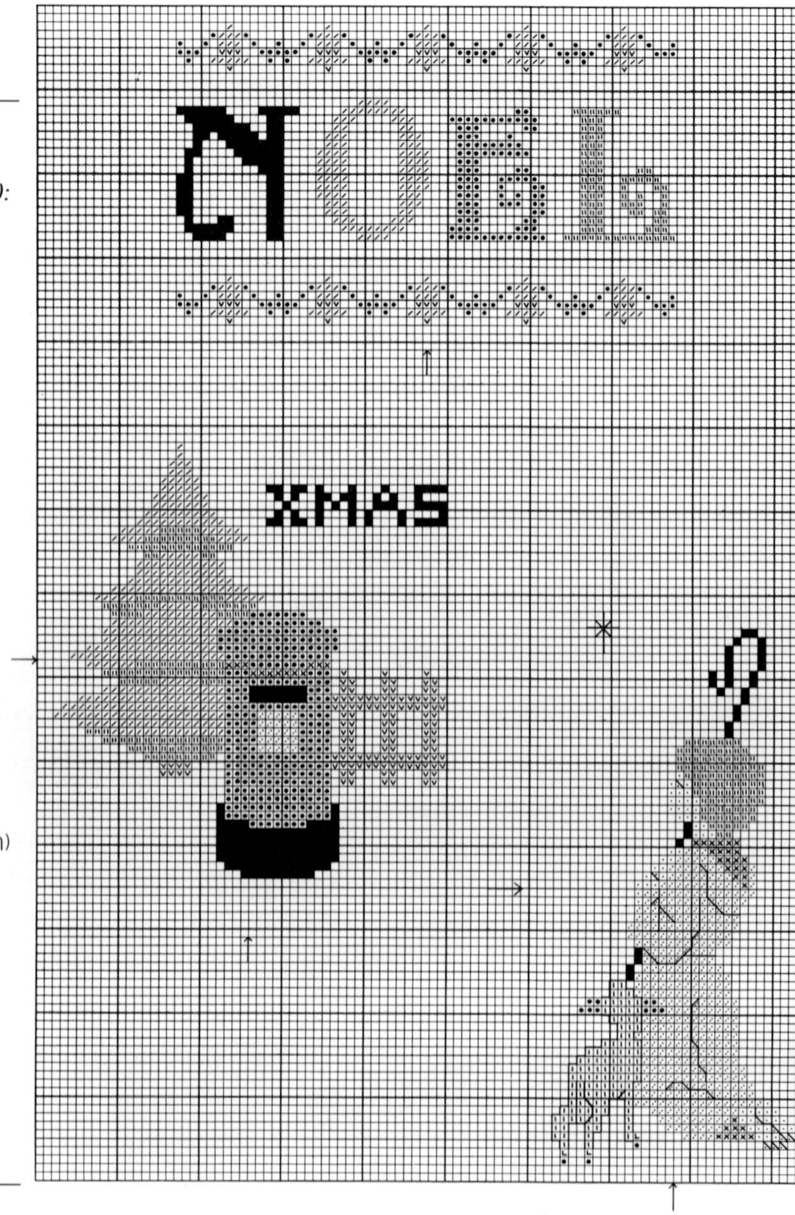

Material

Große (16 cm x 11 cm) und kleine Karten (9 cm x 12 cm):

Sticktwist in den in der Tabelle angeführten Farben
Sticknadel Nr. 26
Doppelseitiges Klebeband
Passende Karten: siehe Bezugsquellen

Bethlehem-Karte:
9 cm x 12 cm himmelblauer Hardanger-Stoff
(ca. 88 Fäden/10 cm)
Kleine rote Karte mit rechteckigem Fenster

Nikolaus-Karte:
9 cm x 12 cm silbermelierter Bellana-Stoff
(Zweigart; ca. 80 Fäden/10 cm)
Kleine rote Karte mit rechteckigem Fenster

Rotkehlchen-Karte:
16 cm x 11 cm silbermelierter Bellana-Stoff
(Zweigart; ca. 80 Fäden/10 cm)
Große rote Karte mit ovalem Fenster

Noël-Karte:
16 cm x 11 cm weißer Fein-Aida-Stoff (ca. 70 Fäden/ 10 cm)
Große grüne Karte mit rechteckigem Fenster

Xmas-Karte:
16 cm x 11 cm silbermelierter Bellana-Stoff
(Zweigart; ca. 80 Fäden/10 cm)
Große grüne Karte mit rundem Fenster

Hirten-Karte:
16 cm x 11 cm weißer Bellana-Stoff
(Zweigart; ca. 80 Fäden/10 cm)
Große grüne Karte mit ovalem Fenster

Sticken

Alle Karten werden auf dieselbe Art und Weise angefertigt. Um Stoff zu sparen, können Sie die Nikolaus-, Rotkehlchen und Xmas-Karte auf ein Stück Stoff sticken, vorausgesetzt, daß Sie um jedes Motiv genügend Platz lassen.
Stoff vorbereiten und für jedes Motiv mit senkrechten und waagerechten Heftstichlinien die Mitte kennzeichnen (siehe Seite 5). In Rundrahmen spannen und Kreuzstickerei ausführen, dabei immer einen Faden Sticktwist in der Nadel verwenden. Die fertige Stickerei vorsichtig von links dämpfen, wobei die Heftfäden hier noch stehenbleiben.

Fertigstellen

Die Stickerei etwas größer als das Kartenfenster zuschneiden, auf die Mitte ausgerichtet hinter dem Fenster plazieren, wobei die Heftstichlinien als Orientierung dienen. Leichte Bleistiftmarkierungen auf der Rückseite der Stickerei und des Fensters helfen später beim Ausrichten des Motivs. Die Heftstiche entfernen, dann Motiv wieder ins Fenster setzen. Mit doppelseitigem Klebeband befestigen, dann Vorder- und Rückseite fest zusammendrücken.

Noël ▶	DMC	ANCHOR	MADEIRA
● Grasgrün mittel	701	227	1305
⟋ Topasgelb	725	306	0108
V Mittleres Topasgelb	782	307	2212
■ Leuchtendrot	666	46	0210
II Dunkelviolett	552	100	0713

Xmas ◀	DMC	ANCHOR	MADEIRA
■ Schwarz	310	403	Schwarz
⟋ Grasgrün hell	702	226	0306
II Weihnachtsgrün	699	923	1303
V Mittelbraun	433	371	2008
X Dunkles Weihnachtsrot	498	47	0511
● Hellrot	350	11	0213
⁘ Weiß	Weiß	2	Weiß

Hirte ◀	DMC	ANCHOR	MADEIRA
■ Mittelbraun	433	371	2008
II Sehr helles Braun	435	365	210
• Pfirsich, hell	754	6	0305
Pfirsich, mittel	352	9	0303
X Dunkelmalve, antik	315	896	0810
⁘ Malve, antik	316	894	0809
I Weiß	Weiß	2	Weiß
● Schwarz	310	403	Schwarz
L Helles Stahlgrau	318	399	1802
Silberfaden			

Rückstiche: um Pfirsich hell mit Pfirsich mittel; um Weiß mit hellem Stahlgrau und um Stern mit Silberfaden.

Bethlehem ▶	DMC	ANCHOR	MADEIRA
● Silberfaden	–	–	–
■ Schwarz	310	403	Schwarz
• Weiß	Weiß	2	Weiß
⟋ Pfirsich, hell	754	6	0305
II Dunkles Aquamarin	958	187	1114
L Helles Stahlgrau	318	399	1802
V Helles Lodengrün	3364	843	1512
X Dunkles Lodengrün	3362	846	1514

Nikolaus ▶	DMC	ANCHOR	MADEIRA
■ Leuchtendrot	666	46	0210
• Pfirsich, hell	754	6	0305
⁘ Weiß	Weiß	2	Weiß
Helles Stahlgrau	318	399	1802
II Grasgrün	702	226	0306
● Schwarz	310	403	Schwarz
V Pfirsich, mittel	352	9	0303

Rückstiche: Schnur in Schwarz; um Weiß mit hellem Stahlgrau und um Pfirsich hell mit Pfirsich mittel.

Rotkehlchen ▶	DMC	ANCHOR	MADEIRA
⁘ Blaßgrau	415	398	1803
■ Schwarz	310	403	Schwarz
● Dunkles Waldbraun	938	381	2005
⟋ Mittelbraun	433	371	2008
• Mittelgelb	744	301	0112
O Sehr helles Mahagonibraun	402	347	2307
II Hellrot	350	11	0213

Festliche Tischwäsche

Handbestickte weihnachtliche Tischwäsche, die neben allen anderen Details sogar individuelle Tischkarten enthält, wird Familie und Freunde gleichermaßen entzücken und die richtige Stimmung für einen der schönsten Tage im Jahr herbeizaubern.

Festliche Tischwäsche

Material

Sechs Serviettenringe, Tischkarten und Sets und ein Tischläufer (Größen siehe unten):

Sechs Serviettenringe
15 cm x 7 cm weißer Hardanger-Stoff, ca. 88 Fäden/10 cm (reicht für 6 Serviettenringe)
15 cm x 7 cm extraweiche, mittelschwere Einlage zum Aufbügeln auf die Rückseite
Sechs rote Tischkarten, mit kreisförmigem Fenster (2,3 cm Durchmesser)
15 cm x 10 cm weißer Stern-Aida-Stoff, ca. 70 Fäden/10 cm (reicht für 6 Serviettenringe)
15 cm x 10 cm extraweiche, mittelschwere Einlage zum Aufbügeln, auf die Rückseite
Sechs Servietten, 40,6 cm x 40,6 cm
Sechs Sets, 33 cm x 48,5 cm
Tischläufer, 33 cm x 96,5 cm
Sticktwist in den in der Tabelle angeführten Farben
Sticknadel Nr. 26

Serviettenringe, Tischkarten, Servietten, Sets und Läufer sind im Fachhandel erhältlich.

Serviettenringe

Unterteilen Sie den Hardanger-Stoff mit Hilfe von Heftstichlinien in sechs gleich große Flächen. Übernehmen Sie die rote Schleife aus der Bordüre mit den Weihnachtsschleifen und sticken Sie eine Schleife in die Mitte jeder dieser Flächen; verwenden Sie dabei durchwegs zwei Fäden Sticktwist in der Nadel.
Dämpfen Sie die fertige Stickerei. Bügeln Sie die Einlage auf die Rückseite des Stoffes und schneiden Sie dann die Heftstich-Linien entlang, um die sechs Serviettenhalter zu trennen. Schneiden Sie den Stoff jeweils auf eine Größe von 4,3 x 3,8 cm zu und montieren Sie die Stickerei in den durchsichtigen Plastikring.

Tischkarten

Unterteilen Sie den Fein-Aida-Stoff mit Hilfe von Heftstich-Reihen in sechs gleich große Flächen. Übernehmen Sie die Stechpalme aus der Weihnachtsschleifen-Bordüre und sticken Sie jeweils ein Motiv in die Mitte jeder Fläche, wobei Sie durchwegs zwei Fäden Sticktwist in der Nadel verwenden.
Die fertige Stickerei dämpfen. Die Einlage auf die Rückseite des Stoffes bügeln, dann den Stoff entlang den Heftstich-Linien trennen, um die sechs Tischkarten zu erhalten. Schneiden Sie den Stoff jeweils auf eine Fläche von 4 x 4 cm zurecht.
Setzen Sie das Motiv hinter die runde Öffnung. Wenn es richtig sitzt, befestigen Sie es mit einem Stückchen Klarsicht-Klebeband und verschließen Sie die Karte. Den Streifen links auf der Rückseite abziehen; umknicken und fest zusammendrücken, um die beiden Hälften der Rückseite zu verkleben. Nun können Sie die Namen oder gewünschten Aufschriften anbringen, am besten mit gold- oder silberfarbener Tinte.

Tischwäsche

Sämtliche Motive werden über zwei Fäden des für Tischwäsche vorgesehenen Stoffes (ca. 104 Fäden/ 10 cm) gestickt, wobei durchwegs auch zwei Fäden Sticktwist in der Nadel verwendet werden.
Die Servietten werden mit der Weihnachtsschleifen-Bordüre bestickt, die auf den zwei Schmalseiten jeweils 2,5 cm vom Rand entfernt verlaufen soll.
Beim Tischläufer kennzeichnen Sie die Mitte mit zwei Heftstich-Linien (siehe S. 4). Sticken Sie den Stechpalmen-Kranz in die Mitte des Läufers. Messen Sie dann 25,5 cm links und rechts von der senkrechten Mittellinie ab. Dort wird die Stechpalmen-Bordüre angebracht. Wenn diese Bordüren fertig sind, sticken Sie auf beiden Seiten eine Weihnachtsschleifen-Bordüre, in jeweils 2,5 cm Abstand zu Stechpalmen-Bordüre und Fransenkante.

Serviette

Set

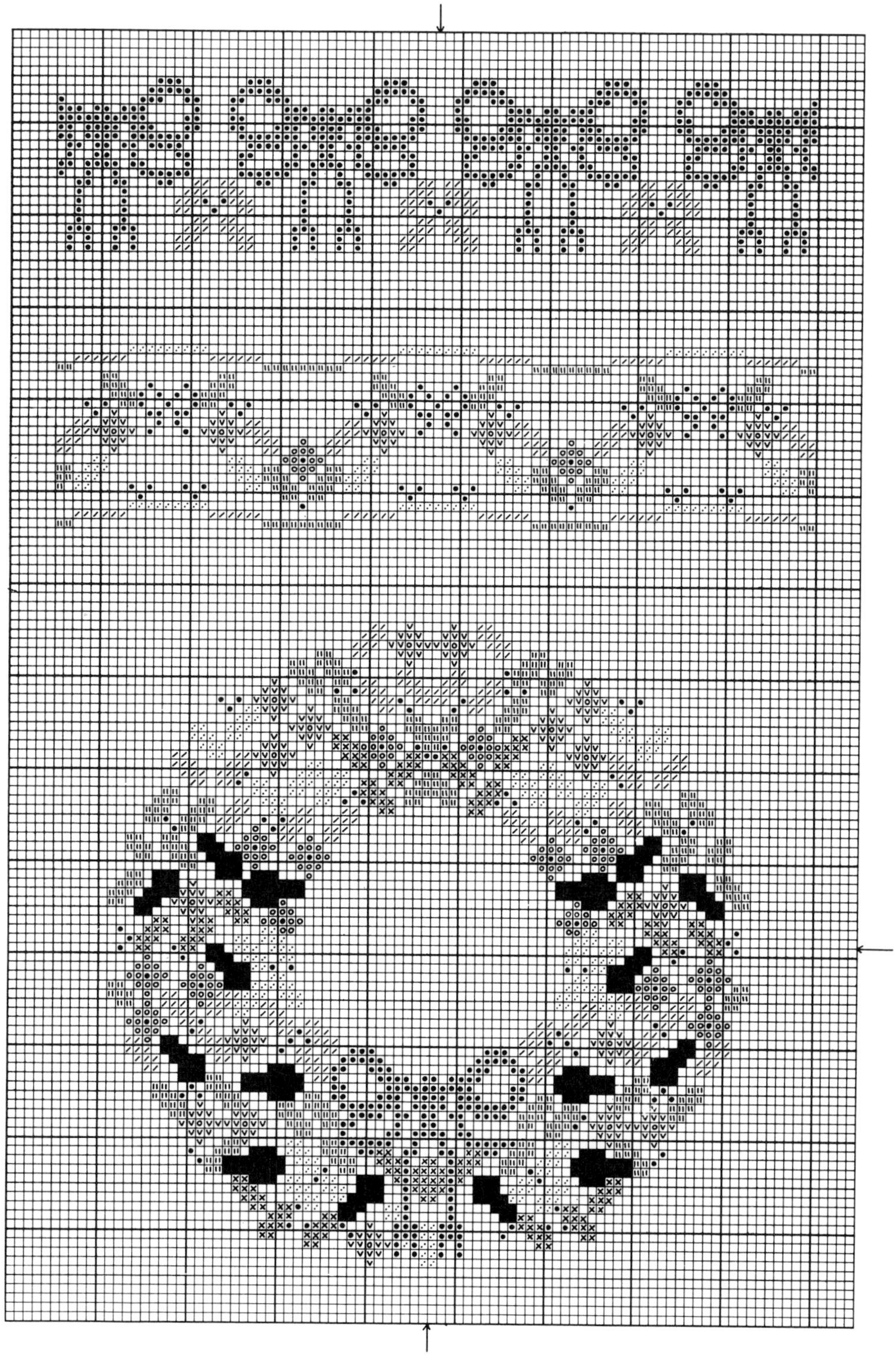

Tischläufer

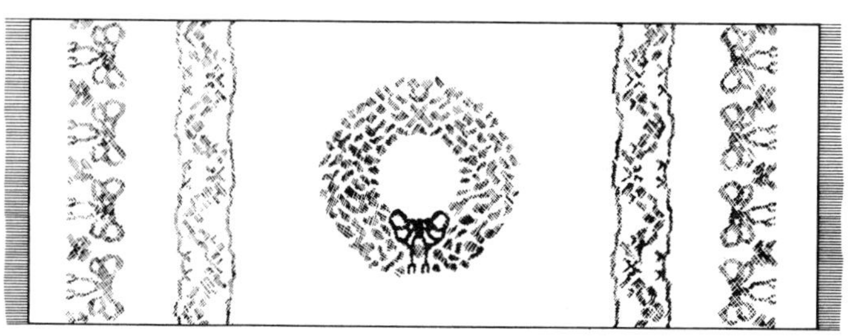

Tischwäsche ▲		DMC	ANCHOR	MADEIRA
●	Leuchtendes Orangerot	606	335	0209
⁘	Hellgrün	704	256	1308
⁄	Mittelgrün	702	226	1306
II	Dunkelgrün	699	923	1303
V	Leuchtendes Kanariengelb	973	297	0105
O	Mittl. Mandarinenorange	941	304	0203
X	Helles Lodengrün	3364	843	1603
■	Khaki	370	888	2112

Umrechnungstabelle

Die Originalmodelle dieses Buches wurden mit DMC-Stickgarn gestickt. Ist bei den Modellen nur eine Garnart angegeben, beziehen sich die Nummern also auf DMC-Garn. Wenn Sie mit anderen Garnen sticken, beachten Sie bitte, daß die Farbnuancen je nach Hersteller voneinander abweichen und völlig identische Farbtöne selten zu finden sind. Die Umrechnungstabelle kann also nur einen Anhaltspunkt geben; lassen Sie sich bei der Auswahl von Ihrem persönlichen Geschmack leiten!

DMC	Coats Mez	Madeira	DMC	Coats Mez	Madeira	DMC	Coats Mez	Madeira	DMC	Coats Mez	Madeira
Weiß	2	Weiß	601	63	0703	794	175	0907	977	1002	2301
224	893	0813	602	57	0702	798	131	0911	988	817	1402
225	892	0501	603	62	0701	799	130	0910	989	256	1401
301	1049	2306	604	55	0614	807	168	1109	992	187	1202
309	42	0507	605	50	0613	814	44	0514	993	186	1201
312	979	1005	606	335	0209	817	13	0211	3011	845	1607
317	400	1714	611	898	2107	823	152	1008	3012	854	1606
321	42	0510	612	832	2108	824	164	1010	3013	842	1605
322	978	1004	613	831	2109	828	380	1101	3024	397	1901
334	161	1003	644	803	1907	831	906	2201	3045	888	2103
335	42	0506	666	46	0210	832	907	2202	3046	887	2206
336	150	1007	676	891	2208	833	907	2203	3047	852	2205
340	118	0902	677	886	2205	834	874	2204	3051	846	1508
341	117	0901	680	901	2210	869	944	2105	3052	859	1509
347	19	0407	702	226	0306	891	35	0411	3053	844	1510
349	13	0212	703	238	1307	892	35	0412	3072	847	1805
350	11	0213	704	256	1308	893	41	0413	3078	292	0102
351	10	0214	718	88	0707	899	52	0505	3326	36	0504
352	9	0303	721	324	0308	904	258	1413	3328	11	0406
368	240	1310	722	323	0307	907	255	1410	3347	266	1408
370	888	2112	725	306	0108	912	209	1213	3348	265	1409
371	854	2111	726	295	0109	913	204	1212	3350	59	0603
372	853	2110	727	293	0110	915	1029	0705	3354	74	0606
413	401	1713	729	890	2209	924	851	1706	3364	843	1512
415	398	1803	731	281	1613	926	779	1707	3609	85	0710
422	943	2102	732	281	1612	927	849	1708	3705	35	0410
435	365	0210	733	280	1611	928	900	1709	3706	33	0409
444	290	0106	734	279	1610	930	1035	1712	3712	10	0416
445	288	0103	738	361	2013	931	1034	1711	3713	48	0502
453	869	1806	741	304	0201	937	268	1504	3731	76	0604
470	266	1502	743	297	0113	943	188	1203	3733	75	0505
471	280	1501	744	301	0112	945	881	2313	3747	120	0909
472	253	1414	745	300	0111	948	778	0306	3750	170	1107
504	213	1701	747	158	1104	955	206	1210	3752	343	1710
518	162	1106	754	6	0305	957	31	0612	3753	1031	1001
520	862	1514	761	8	0404	958	187	1114	3756	1037	975
523	215	1208	762	397	1804	959	186	1113	3761	928	1104
535	1041	1809	772	264	1604	962	52	0609	3766	167	1111
564	203	1208	776	24	0503	963	48	0608	3779	446	
581	280	1609	781	308	2213	966	206	1209	3781	1050	1913
597	168	1110	782	307	2212	972	303	0107			
598	928	1111	783	307	2211	975	355	2303			
600	65	0704	792	941	0905	976	309	2302			

Die Deutsche Bibliothek – CIP-Einheitsaufnahme
Das große Kreuzstich Musterbuch : nach Zählvorlagen leicht gestickt / Gail Bussi ... – Augsburg : Augustus-Verl., 1997
ISBN 3-8043-0530-X

Von Gail Bussi stammen die Anleitungen S. 10 – 13, S. 26 – 29, S. 30 – 33, S. 34 – 37, S. 72 – 75, S. 132 – 135, von Dorothea Hall S. 14 – 17, S. 22 – 25, S. 38 – 41, S. 44 – 48, S. 49 – 51, S. 52 – 55, S. 56 – 59, S. 60 – 63, S. 64 – 67, S. 68 – 71, S. 76 – 79, S. 80 – 83, S. 84 – 91, S. 92 – 95, S. 96 – 103, S. 104 – 111, S. 112 – 115, S, 116 – 119, von Julie Hasler S. 120 – 123, S. 124 – 127, S. 128 – 131, S. 136 – 139, S. 140 – 143 und von Christina Marsh S. 18 – 21.

Fotografie: Marie-Louise Avery, Di Lewis
Grafiken: John Hutchinson
Umschlaggestaltung: Charmaine Müller, Augsburg
Layout: Maggie Aldred

Augustus Verlag Augsburg 1997
© Weltbild Verlag GmbH, Augsburg

Satz: satz-studio, Bäumenheim
Reproduktion: Fotographics Limited, UK-Hong Kong
Druck und Bindung: Appl, Wemding
Gedruckt auf 120 g umweltfreundlich elementar chlorfrei gebleichtem Papier.
Printed in Germany
ISBN 3-8043-0530-X

Bezugsquellen

Zählstoffe, Nadeln und Garne erhalten Sie in allen Handarbeitsfachgeschäften. Die Hersteller nennen Ihnen gerne Händler in Ihrer Nähe, wenn Sie Ihrer Anfrage einen frankierten Rückumschlag beilegen.

Garn:
DMC
Lindhorst Handarbeiten GmbH
Spitzäcker 4
74931 Lobbach

Anchor
Coats Mez GmbH
Kaiserstraße 1
79341 Kenzingen

Madeira Garne
U. + M. Schmidt & Co. GmbH
Postfach 320
79003 Freiburg

Zählstoffe:
Zweigart & Sawitzki
Postfach 120
71043 Sindelfingen

Untersetzer, Grußkarten etc.:
Framecraft Deutschland
Hannelore Kopp
Bayerischer Platz 7
10779 Berlin